LA CIENCIA NO ES ASUNTO
DE DIOSES

Álvaro Calafat

Premio Único
Ensayo sobre Investigación y Difusión Científica Premio a las Letras 2021 – Inédito
Dirección Nacional de Cultura e Instituto Nacional de Letras del Ministerio de
Educación y Cultura de Uruguay.

LA CIENCIA NO ES ASUNTO
DE DIOSES

Álvaro Calafat

Las nueve musas
ediciones

Primera edición en papel: febrero, 2022.
Título: *La ciencia no es asunto de dioses.*
© Álvaro Calafat.
© Diseño de la cubierta y maquetación interior: **James Crawford Publishing (William E. Fleming)**.
    contacto: jamescrawfordpublishing@gmail.com
    web: www.jamescrawfordpublishing.wordpress.com
© 2022 Las nueve musas ediciones.
    contacto: contacto@lasnuevemusasediciones.com
    web: www.lasnuevemusasediciones.com

ISBN: 9798410917438
Depósito legal: AS 00444-2022

Para Andrés, Fabián y Mavi

ADVERTENCIA

Son mujeres y hombres de ciencia; algunos famosos, algunos desconocidos, otros han sido olvidados. Pero, sobre todo, son mujeres y hombres. Y los hay perversos e impecables, delatores y perseguidos, juiciosos y suicidas, comprometidos.

Estos relatos se ocupan de esas cosas que no adornan ecuaciones ni precipitan en tubos de ensayo.

PARA ESTA OBRA,

los textos en bastardilla, cuando no voces extranjeras o títulos de publicaciones, son transcripciones literales tomadas de las obras consultadas. Estas están indicadas por números, entre paréntesis, al pie de los relatos. La bibliografía se ofrece al final.

AGRADECIMIENTO

Carolina Parra acompañó la gestación de esta obra en muchas de sus etapas, y suyo es parte del diseño que ayudó a dar forma a la portada. Para ella sea este breve pero cálido reconocimiento.

SOBRE EL AUTOR

Nació en Montevideo, Uruguay, en 1963. Emigrado a Venezuela en 1977, obteniendo la ciudadanía en 1987. Licenciado en química por la Universidad Simón Bolívar (1987) y doctor en química del Instituto Venezolano de Investigaciones Científicas (1993). Profesor titular jubilado de la Universidad Nacional Experimental del Táchira (2017). Su trabajo académico ha merecido más de 600 citas en revistas especializadas. Es, además, autor de relatos publicados en revistas y en antologías nacidas de concursos literarios: *En Bandeja de Plata* (2004), *Counterpunch* (2014), *El Ídolo de Sagitario* (2014), *Ese Otro Daniel* (2021). El relato *Las Noches Llenas de Fantasmas*, incluido en este libro, fue finalista del I Concurso Litteratura de Relato y Poesía, convocado por el blog literario Litteratura (2013, en http://litteratura-lalotteria.blogspot.com/search/label /Álvaro%20Walter%20Calafat).

Actualmente, el autor reside en Montevideo.

ÍNDICE

ADVERTENCIA 7
PARA ESTA OBRA.. 9
AGRADECIMIENTO 11
SOBRE EL AUTOR 13
A LO LARGO Y ANCHO DEL PLANETA, CIRCA 10.000 AC / EXPULSADOS DEL PARAÍSO 17
MILETO, SIGLO VII AC / CON DIOSES ASÍ 21
CROTONA, CIRCA 450 AC / SI ALGUNO POR VENTURA SE METE CON LOS IRRACIONALES........ 23
ROMA, CIRCA 50 AC / DE LA NATURALEZA DE LAS COSAS.. 25
CONSTANTINOPLA, 830 / PARA GLORIA DE ALÁ, PARA NO OFENDER A DIOS 27
PALERMO, 1154 / UN REY DE TRES RELIGIONES 29
SOLEURA, 1349 / LOS SOSPECHOSOS HABITUALES 31
LUBAWA, 1543 / ASPIRAR A LA VERDAD O SALVAR LAS APARIENCIAS................................ 35
LONDRES, 1572 / LA REVOLUCIÓN CIENTÍFICA.. 39
PRAGA, 1601 / ALGO ESTÁ PODRIDO EN DINAMARCA.. 41
ESTOCOLMO, 1650 / PARA VIVIR TANTO COMO MATUSALÉN 43
LONDRES, 1716 / UNA DISPUTA SIN FIN... 45
CAMPOS DE CASTILLA, 1724 / EL HOMBRE QUE QUERÍA SER EL PRIMERO EN VOLAR 47
LONDRES, 1726 / TODO UN PROFETA 51
QUITO, 1743 / LA FORMA DE LA TIERRA 55
CARACAS, 1763 / PARA QUE LA MEDICINA SEA COSA DE BLANCOS.................................. 59
CARACAS, 1790 / HEREJE, MAL VASALLO, SEDICIOSO Y REBELDE 63
PAVÍA, 1794 / EL PROFESOR Y LA CORISTA 67
PARÍS, 1794 / EL TALENTOSO MONSIEUR LE BLANC 71
PARÍS, 1794 / QUÍMICA JACOBINA 75
EN EUROPA, HACIA 1800 / INVISIBLES 79
RESTAURACIÓN, 1858 / KARAÍ ARANDÚ 83
LONDRES, 1865 / LOS IMPONDERABLES 85
CARACAS, 1886 / PASTEUR DE LAS AMÉRICAS, RASPUTÍN TROPICAL 89
RÍO DE JANEIRO, 1904 / LA REVUELTA DE LA VACUNA 93
BUENOS AIRES, 1910 / UN ASUNTO PATRIO.. 97
PARÍS, 1917 / UNA MOMENTÁNEA PÉRDIDA DE LA RAZÓN 99
LIMA, 1927 / EL PAPÁ DE LOS COHETES... 101
SAN JUAN DE PUERTO RICO, 1931 / LA RAZA DE HOMBRES MÁS SUCIA 105
VIENA, 1936 / CONTRA ESOS HORRORES 109
NÁPOLES, 1938 / EL HUEVO DE LA SERPIENTE... 113
BERLÍN, 1939 / EL BUEN ALEMÁN 115
BRANDEMBURGO, 1942 / LOS NIÑOS DE BRANDEMBURGO 119

WATERTOWN, 1946 / LA NOCHE LLENA DE FANTASMAS 123
HOMMELVIK, 1948 / GRACIAS POR FUMAR 127
MOSCÚ, 1948 / LA CIENCIA VERDADERA 131
LONDRES, 1951 / UN NEGOCIO REDONDO 135
ZÚRICH, 1952 / EL EFECTO PAULI 137
LONDRES, 1953 / LA FOTOGRAFÍA 51 139
WILMSLOW, 1954 / TAL VEZ NO SE TRATE DE SUICIDIO 141
PASADENA, 1955 / SÓLO QUERÍA VISITAR A SUS PADRES... 145
PARÍS, 1957 / PRESENTE 149
CIUDAD DEL CABO, 1967 / EL JARDINERO SONRIENTE... 153
EN ALGÚN CUARTEL DEL URUGUAY, 1977 / LA LOCURA QUE SALVA, EL OLVIDO QUE PROTEGE........ 155
TURÍN, 1987 / SÓLO QUEDA EL ABISMO 159
CIUDAD DEL VATICANO, 1992 / GALILEO REHABILITADO... 163
MOSCÚ, 2006 / LA INMOLACIÓN DE GRIGORI PERELMÁN... 165
NUEVO BRUNSWICK, 2018 / UNA INDUSTRIA EN CRECIMIENTO 169
LA BIBLIOGRAFÍA 173

A lo largo y ancho del planeta, circa 10.000 AC

EXPULSADOS DEL PARAÍSO

Tuvo que ser bastante trágico el evento ocurrido para que la gente decidiera cambiar su apacible existencia nómada, dedicada a la caza y a la recolección, por la vida ingrata de la agricultura, con la cual la probabilidad de pasar hambre debido a una mala cosecha es asunto de muchos desvelos. Debió ser, además, un suceso planetario, porque aparecerán granjeros y pastores, de forma más o menos simultánea, en Oriente Próximo y Egipto, en China, Filipinas, Indonesia y Papúa; y también al otro lado de los océanos, en Mesoamérica y en los valles de la cordillera andina.

Expulsados del paraíso. Nada será igual, sin duda, para las siguientes seiscientas generaciones, una vez domesticados el arroz y el maíz, el trigo, el sorgo y el mijo, los guanacos, llamas y vicuñas, las cabras y ovejas. Cambian las vidas de forma vertiginosa por tan sólo beber la leche de los animales, comer quesos y mantequillas, al descubrir aguas que en contacto con el pan devienen en bebidas que alegran y marean. La nueva dieta trae enfermedades hasta entonces desconocidas, pero precisa de trastos nuevos cuya producción, a partir de arcillas, se estudia y perfecciona sin descanso. Además, agranda el mundo la sal, ahora tan necesaria, por la cual se alcanzan, para negociar con ella, regiones remotas en jornadas de muchas lunas. También se transforman los vestidos y se multiplican y mejoran los telares a medida que mutan las lanas y crecen las plantaciones de algodón y lino.

Nunca se volverá a inventar y a producir tanto, a cambiar todo aquello que seguirá cambiando. Ahora se construyen casas, graneros y establos de barro e incluso de piedra, y los pueblos habrán de durar hasta milenios ocupando la tierra que sembraron por primera vez. Antes, chamanes y hechiceros eran los únicos que estaban disculpados de cazar, pescar y recolectar, de pulir las armas empleadas en estas tareas. De repente, además de agricultores y pastores, hay alfareros, tejedores, picapedreros, carpinteros, carreteros, comerciantes; y muy pronto habrá mineros, orfebres y metalúrgicos. También hay príncipes y sacerdotes, a quienes ya nadie elige, cuyas funciones son sagradas, codo a codo con la de los dioses. Su poder, frecuentemente cuestionado, es defendido por una corte llena de terratenientes que manda en un ejército armado hasta los dientes. La nueva organización social enseña a ser menos solidarios, a competir por poseer tanto como los recursos lo permitan. La humanidad ya está torcida en la infancia de las primeras civilizaciones: guerras y traiciones, cada vez más frecuentes, más largas y cruentas, se suceden porque las cosechas son malas, porque las tierras del otro son mejores, porque la agricultura exige mucha mano de obra, porque la riqueza demanda más riqueza.

La transformación más importante de la historia se inició impulsada por las necesidades de la agricultura y la domesticación de animales. El desarrollo tecnológico ocurrido, tomando en cuenta lo que antes se era y se tenía, aturde hasta al más distraído. La rueda y la vela han revolucionado el transporte, la producción y el comercio. La escritura y las matemáticas son aún más impresionantes, pues también han transformado el pensamiento y su discurso. Tantos cambios en apenas 6.000 años: lo que parece mucho tiempo es una nada dentro de los dos millones de años de prehistoria, en los cuales las generaciones se sucedían casi sin novedades que transmitirse.

Luego del Neolítico, hasta el siglo XVII, el avance de la tecnología se hará cada vez más lento y a menudo habrá conocimientos inexplicablemente desechados durante milenios. De todas formas, ya existirán la noria y el molino de viento, los calendarios, la cometa, textos de medicina y farmacopeas, estimaciones de los períodos sinódicos de Mercurio y Venus, el cálculo de la recurrencia de los eclipses.

No es ciencia, sin embargo, lo que hace la gente, aunque anuncien su irremediable llegada las observaciones de fenómenos naturales que, traducidos en datos y resultados, acumulan un conocimiento notablemente preciso de la Naturaleza. Y si es apenas su comienzo, se debe a que nadie pregunta las razones de los patrones naturales que tiene ante sus ojos, mucho menos se esboza una ley, una tosca teoría. En el desmedido poder de los mitos están las respuestas, expresiones de un orden inmutable que los dioses iniciaron cuando separaron el día de la noche y las aguas de la tierra. Fuera de él, todo saber carece de interés, por más asombroso que sea.

La ciencia, tal y como se conocerá miles de años después en Occidente, no hará su aparición hasta el siglo IV AC, aunque comenzará siendo filosofía unos pocos siglos antes entre los jonios de Mileto, gracias a sus contactos con muchas otras culturas y porque no serán impresionados por las religiones que adoran a Dionisos y Orfeo. Y porque sus dioses, Olímpicos todos, no serán muy serios que digamos.

(34, 37, 144, 173)

Mileto, siglo VII AC

CON DIOSES ASÍ

Se valen los sabios de elementos abstractos para explicar los cambios que observan a su alrededor, universales y permanentes; por primera vez, a partir del siglo VII AC, en China y en India, en Grecia y seguramente también en América. Los llaman aire, fuego y agua, aliento, ideas y alma, átomos; y son ellos la esencia de todo, lo indestructible del cual el mundo sensible es apenas reflejo, las fuerzas motoras que, combinadas, dan perfecto orden a este Universo. Lo que no son, de forma más que inesperada, es morada de dioses, ya que no necesita esta gente de mediación sobrenatural alguna para comprender los orígenes de las cosas.

Los nuevos sabios, además, son también científicos, porque los sistemas en que piensan están llenos de enunciados que buscan una validez general, cuya demostración remite a fenómenos naturales conocidos y apuesta por otros todavía ignorados.

Serán famosos los nacidos en Jonia, donde la antigua aristocracia terrateniente se las ve negras para sofocar la rebelión de los más pobres entre los ciudadanos libres, mientras una plutocracia de mercaderes le disputa el poder. En la ciudad de Mileto la lucha de clases es de una crueldad excesiva. Mujeres y niños de mucho abolengo son las víctimas predilectas de la revuelta popular, victoriosa al principio. Superados la sorpresa y el terror, los nobles responden quemando vivos a los alzados, y las antorchas humanas, colgadas en calles y plazas, iluminan por muchas noches la ciudad. Con todo, el viejo orden social, una vez desquiciado, ya no tiene remedio, por lo que tarde o temprano se verá obligado a claudicar. En la nueva sociedad que se proyecta imperará la ley, la cual será provista de una vara que sepa medir a toda persona de una sola manera, mientras no se trate de esclavo o mujer.

La plaza del mercado ya no será, entonces, espacio para únicamente vender y comprar, sino que allí acudirá hasta el más pobre entre los pobres con su deber de participar y su derecho a dar opinión. Las discusiones resolverán, principalmente, lo urgente y cotidiano; pero pronto se verán lanzadas hacia espacios en otras alturas, donde habitan problemas que tratan sobre los principios que rigen a la Naturaleza misma. No será casual, por lo tanto, que algunos de los sabios dedicados a la transformación de la sociedad vayan a contarse entre aquellos que inventen la filosofía, madre de todas las ciencias.

Ayuda, por supuesto, y mucho, que los milesios sólo ofrenden a dioses Olímpicos. Porque estos no han creado nada: ni las estrellas de los cielos ni las aguas de la Tierra, ni animales ni plantas; ni siquiera la vida de las gentes ha brotado de su aliento divino. Sin embargo, todo el Universo les pertenece, y de las rentas de esa lograda conquista abusan. Son *espléndidos filibusteros, y pelean, y festejan, y juegan, y componen música; ellos beben copiosamente, y se ríen a carcajadas del herrero cojo que los espera. Ellos nunca tienen miedo, excepto de su propio rey. Ellos nunca mienten, excepto en el amor y la guerra.* Como los humanos, ellos están sujetos a los antojos del destino y a las vacilaciones de la necesidad; pero son inmortales y tienen súper poderes que emplean para recompensar lo que ellos creen que está bien o castigar aquello que les parece mal. Con demasiada irreverencia fueron descritos por Homero, por lo que alguien sabrá preguntarse cómo alguna vez han sido capaces de provocar miedo.

Con dioses así, las discusiones no encontrarán obstáculos de orden religioso en Mileto, patria de Tales, el primero de todos los filósofos. Aquí no se levantarán los brazos al cielo ante un fenómeno desconocido cualquiera, sino que se acudirá a la inteligencia. Los viejos mitos habrán de perdurar, pero las cosas que asombran y cautivan serán aceptadas como fuerzas naturales que, aunque de características prodigiosas y tal vez hasta divinas, tienen una causa descifrable. Además, de las viejas y peores supersticiones se encargarán los debates en la nueva democracia, aunque sin conseguir que desaparezcan. De hecho regresarán, acaso con insólito vigor, y serán capaces de frenar el avance de la ciencia cuando reyes-dioses se encarguen de gobernar Grecia.

(73, 144, 155)

Crotona, circa 450 AC

SI ALGUNO POR VENTURA SE METE CON LOS IRRACIONALES

Hipaso de Metaponto había sido expulsado de la Sociedad por haber revelado a los legos el método para inscribir un dodecaedro regular en una esfera y por escribir un tratado con el único objeto de difamar a Pitágoras. Sus camaradas le construyeron una estela funeraria en vida para recordarle que entre ellos era difunto. Tampoco han de perdonarle que, a la cabeza del partido democrático de Crotona, sus calumnias decidieran la disolución de la Sociedad, la confiscación de todas sus propiedades y el exilio; el asesinato de la mayoría de los discípulos tras la muerte del gran sabio.

Pero el apóstata ha ido aún más lejos y ha revelado a las gentes la existencia de los inconmensurables. En la relación entre la diagonal y el lado de un pentágono regular ha encontrado al primero, siendo $(1+\sqrt{5})/2$ el número blasfemo; doblemente, porque fue hallado en la estrella pentagonal, símbolo distintivo de la Sociedad Pitagórica.

Sostienen los pitagóricos que *los números son el primer elemento de la naturaleza y de todo lo que existe naturalmente*. Los números, si han de ser principio metafísico, están obligados a tener una relación exacta con la unidad, que es perfecta, por lo que serán racionales. La existencia de los inconmensurables parece negar su filosofía y supone, sobre todo para los nuevos discípulos, cuyos arrebatos místicos son mucho más hondos que en los pitagóricos genuinos, una crisis de proporciones catastróficas.

Cualquiera rompe una lanza a favor de Pitágoras, uno de los más grandes intelectos para los tiempos por venir. El razonamiento demostrativo deductivo de las matemáticas comenzó con él, y la combinación de éste con la teología señalará el camino a la filosofía religiosa por un par de milenios. Una personalidad desconcertante, sin duda, ya que encarna la principal corriente de una tradición mística que es enemiga del pensamiento científico.

Pitágoras fundó una religión cuyos principios fundamentales eran *la transmigración de las almas y la pecaminosidad de comer frijoles*. Muchas reglas deben seguir los acólitos para ser virtuosos, todas provenientes de tabúes primitivos: prohibido tienen atizar el fuego con un hierro, partir el pan, tocar un gallo blanco; tampoco pueden compartir sus techos con las golondrinas. La Sociedad nacida de ella admite hombres y mujeres en igualdad de condiciones, sus propiedades pertenecen a todos y son de todos los descubrimientos científicos que en ella se realizan. En vida de Pitágoras, la Sociedad tuvo enorme influencia en los asuntos del Estado; *pero los no regenerados anhelaban los frijoles y, tarde o temprano, se rebelaron.*

Íntimamente relacionada con este misticismo peculiar estuvo la escuela de matemáticos, donde Pitágoras enseñó la importancia de los números en la música y discurrió sobre números cuadrados y cúbicos, oblongos y triangulares, piramidales y de otras muchas formas necesarias para la complejidad propia de todas las cosas, imperfectas y volubles. Los números como si fueran los átomos de una época todavía muy lejana.

Es muy probable que Pitágoras supiera de la existencia de los inconmensurables, los cuales, al fin y al cabo, están implícitos en su famoso teorema. También es posible que, como su alumno Hipaso, no encontrara contradicción alguna entre estos y la transmutación cíclica del cosmos. Y si acaso consideró que la había, menester era guardar el secreto, pues *todo lo irracional que hay en el Universo ama permanecer oculto como irracional e informe, y si alguno por ventura se introduce en esa forma de la vida y la saca a luz, queda abocado al mar de la generación y es azotado por sus inestables corrientes.*

Así que paga Hipaso de Metaponto con su vida la propagación del secreto, pereciendo en un naufragio frente a las costas de Crotona. Dicen que ha sido el mismísimo Pitágoras quien ha enfurecido las aguas y ha lanzado contra él la enorme ola que lo ha arrastrado lejos de la borda. Pitágoras, acaso hijo de Apolo, a quien le atribuyen muchos milagros y formidables poderes mágicos; el único autor de todos los saberes que brotan de su escuela, aun después de muerto.

(59, 104, 136, 151, 155, 176)

Roma, circa 50 AC

DE LA NATURALEZA DE LAS COSAS

Ya todos los caminos amenazan con llegar hasta Roma, trazados por el incansable avance de sus legiones. En años recientes, estas han sido victoriosas en Armenia y Anatolia, en Siria y Judea, en Germania y en Britania, y empiezan a serlo en la larga guerra contra los galos. Pero la república que tanto conquista es la misma que agoniza; y en el enfrentamiento entre optimates y populares, en la rebelión de Espartaco y los desmanes de Clodio, se manifiestan los síntomas de la corrupción política y moral que la consume, de las ambiciones desmedidas que ni siquiera la sangre y el destierro de miles consiguen aplacar.

Aunque a la mayoría entusiasme, la época provoca hondo pesar en quienes no se involucran en las luchas por el poder ni se adhieren al saqueo. A Tito Lucrecio Caro la desazón lo ha obligado, además, a refutar ese horror, empresa que con intenciones pedagógicas ya casi concluye y que resulta ser el mayor poema filosófico de los tiempos que se fueron y de los que están por venir. Seis son los libros de la obra y siete mil cuatrocientos sus hexámetros, al mejor estilo que la tradición épica griega pueda pedir.

Será considerada *De la Naturaleza de las Cosas* una verdadera obra maestra de la literatura y también del pensamiento científico. A vuelo de pájaro capaz que se le encuentre poca novedad, porque de Empédocles copia el estilo y no hay otra doctrina allí expuesta que no sea la de Epicuro. Pero es mérito del autor, sin duda, la organización de tan vasto conocimiento y su exposición ordenada, la apasionada elocuencia y la invención de un lenguaje que termina enriqueciendo al latín. Cuando profundice lo iniciado por Lucrecio, dirá Cicerón que es superior al griego como idioma para la filosofía.

Apelando a la experiencia y a la razón, los versos de Lucrecio ofrecen una visión científica del mundo en clave atomista, donde el ser humano y su poca virtuosa existencia están incluidos. El conocimiento de la naturaleza de las cosas y sus causas físicas pretende redimir a las gentes y ayudarles a alcanzar la felicidad, que en los epicúreos es la ausencia de padecimientos en las mentes y en los cuerpos. Son esos saberes la única receta posible para librarse de supersticiones, miedos y angustias.

Como dogma materialista, que niega buenas y malas estrellas y no puede aceptar la inmortalidad, está obligado a rechazar las religiones. *De la Naturaleza de las Cosas* es, entonces, lectura para mentes educadas, por lo que poca o ninguna aceptación habrá de conseguir la no existencia que el poema reivindica entre la mayoría temerosa de la muerte. Para Lucrecio significará el olvido: nada dirán de él los grandes poetas contemporáneos o inmediatamente posteriores, a pesar de conocer el poema, por no ofender a la idolatría impuesta en el imperio de Augusto. Con la usual aversión que merecen los impíos, se ocuparán de él los primeros cristianos. Así de breve será el texto con más detalles sobre su vida, escrito por San Jerónimo: *Nace el poeta Tito Lucrecio. Más tarde, presa de furiosa locura por un filtro amatorio, y habiendo escrito durante los intervalos de su demencia algunos libros que luego corrigió Cicerón, se suicidó a los cuarenta y cuatro años de edad.* La locura y el suicidio, aunque infundados, estarán allí como desenlaces anhelados para quien se atreva a negar la inmortalidad del alma, la omnipotencia de los dioses y la autoridad de sus intermediarios en la Tierra.

Hasta el Renacimiento permanecerá olvidado el único ejemplar del poema que, milagrosamente completo en una abadía del sur de Alemania, se habrá salvado de los copistas que tendrán la costumbre de arrancar y raspar las hojas de los códices paganos.

(22, 103, 151)

Constantinopla, 830

PARA GLORIA DE ALÁ, PARA NO OFENDER A DIOS

No son costosísimos regalos los que recibirá esta vez el emperador de Oriente a cambio de los muchos manuscritos que para su traducción han de llevarse a Bagdad. En esta oportunidad, la embajada del califa al-Ma'mūn los exige como indemnización por alguna de esas intermitentes batallas que en los valles de Anatolia se llevan a cabo desde hace más o menos dos siglos, donde, para variar, han sido derrotados los bizantinos. Tras una intensa búsqueda, han sido hallados en una abadía alejada de Constantinopla, a donde fueron a parar cuando Constantino I proclamó al cristianismo como religión oficial del imperio romano. Guardados bajo llave se encuentran para no ofender a Dios.

Una fortuna gastan los califas en los libros que requieren las traducciones de la Casa de la Sabiduría. Gentes influyentes fuera de la corte, musulmanes, cristianos y judíos, también echan mano a sus bolsas para patrocinarlas. De una sola obra, un buen traductor necesita muchas versiones para establecer, luego de compararlas, un texto crítico con el cual iniciar la trascripción. Ocho se necesitaron para traducir al asirio una obra de Galeno; otros escritos son abandonados por décadas debido a las burdas versiones en griego que se tienen a mano.

La Casa de la Sabiduría ha sido fundada por la dinastía abasida para impulsar el desarrollo de las artes y las ciencias y alcanzar con ellas mayor gloria que la lograda por el imperio persa. Fue en sus inicios tan sólo biblioteca, aunque ya se transcribieran obras de Aristóteles y por primera vez el *Almagesto* de Claudio Ptolomeo. El séptimo califa al- Ma'mūn es quien la ha llenado de especialistas, a quienes paga, literalmente, el peso de una traducción en oro. En breve, también será sitio de reunión de sabios llegados de muchos credos, sectas y razas, que comentarán y corregirán las obras antiguas, reemplazando los conocimientos recibidos por saberes nuevos. Serán de la Casa de la Sabiduría los manuscritos donde al-Rāzī dude de Galeno, Ibn al-Haytham de Ptolomeo y donde Avicena profiera sus desacuerdos con Aristóteles. Las ciencias musulmanas han de surgir de tan prolijas traducciones.

Sus textos llegarán muy pronto a manos de otras culturas, de la misma manera como los antiguos han alcanzado las tierras del islam. Traductores de Palermo y Toledo serán los primeros en trascribirlos al latín para los sabios de Occidente que quedan por nacer. Muchas obras se perderán para siempre: con la Casa de la Sabiduría los mongoles no tendrán clemencia e igual de crueles serán otras guerras e invasiones, los intolerantes que omiten la presencia de todo aquello que, por diferente, pone en riesgo su hegemonía. Tendrán mala prensa los seguidores del islam, y querrán hacernos creer que son siempre los malos de la película.

Pero, sin duda, serán sus muchos manuscritos los que devuelvan a Europa el conocimiento de los antiguos griegos; y de un erudito chiita y de un cronometrador de Damasco las elegantes técnicas matemáticas y el modelo lunar que empleará Nicolás Copérnico. Durante siglos se aprenderá medicina con la formidable enciclopedia de Avicena y tarde o temprano reconocerán los estudiosos que fue en El Cairo donde se descubrió la circulación de la sangre a través de los pulmones. Por los musulmanes, mucho antes que por Isaac Newton, se tendrán noticias de la gravedad y de la física- matemática, y al-Haytham, trescientos años antes que Roger Bacon, elevará los experimentos a la categoría de prueba científica. No hay ciencia conocida que no vaya a ser dominada por la civilización musulmana ni saber guardado por ella que no deba agradecer Occidente para la revolución científica del todavía lejano siglo XVII. Para su gloria, Alá quiere que la gente conozca las leyes por las cuales se rigen las maravillas que ha creado.

En cambio, el emperador Teófilo pregunta al Patriarca de Constantinopla si no cometerá pecado abriendo el depósito donde han estado confinados, durante quinientos años, los manuscritos que reclaman los musulmanes.

—*Todo lo contrario, mi señor* —responde el patriarca, sin permitirse un instante de reflexión ni duda. Convencido está que las ciencias antiguas, azote de las creencias religiosas, serán capaces de socavar el islam.

(2, 43, 69, 170)

Palermo, 1154

UN REY DE TRES RELIGIONES

El cartógrafo y viajero al-Idrīsī, descendiente de califas cordobeses y bisnieto del último soberano hamudí de la taifa de Málaga, presenta los resultados de la colosal tarea que emprendiera junto al rey Roger II de Sicilia. Un mapa rectangular dibujado en setenta hojas, un pequeño mapamundi circular y un manuscrito en árabe son las partes del atlas más voluminoso, más detallado y de mayor rigurosidad científica que ha sido elaborado hasta el momento acerca del mundo conocido. *El Libro de Agradables Viajes a Tierras Lejanas,* mejor conocido con el breve nombre de *Libro de Roger,* recopila, organiza y describe con prolijidad todo lo sabido acerca de los climas, de los caminos y las fronteras, de los ríos que riegan las tierras y de los mares que bañan las costas, de las costumbres de las gentes, de las mercancías que producen, del talante de sus gobiernos. Muestran los mapas, además, cosas nunca antes representadas, como montañas, ríos y ciudades; y el eje norte-sur está invertido, contraviniendo, aunque al-Idrīsī lo admire, las convenciones del gran Ptolomeo. Acompaña a esta obra un enorme y deslumbrante mapamundi grabado en cuatrocientas libras de plata. Por los próximos trescientos años no habrá sabio capaz de superar los frutos de tan extraordinaria empresa.

Para llevarla a cabo, el rey normando fundó una academia de geógrafos dirigida por él mismo, e hizo de al-Idrīsī su secretario permanente. De los apuntes tomados por éste durante sus muchos viajes se ha nutrido la obra; de examinar y comparar las de otros estudiosos, y de observaciones recogidas y publicadas por mercaderes, peregrinos, correos, cobradores de impuestos y hasta espías. Fueron necesarias expediciones científicas hacia los lugares menos conocidos para llenar demasiadas lagunas; y durante años, en todos los puertos del reino, funcionarios reales anduvieron a la caza de todo aquel viajero que fuera capaz de describir las comarcas que había visitado. No pocos de ellos fueron conducidos al palacio de Palermo para ser interrogados por al-Idrīsī y hasta por el propio soberano.

Quince años se han tardado en concluir tan acuciosa lección de geografía. Desde que el rey llamara al cartógrafo a su corte con la mentida intención de protegerlo de sus enemigos y el inconfesable propósito de valerse de su linaje para la conquista de Al- Ándalus. Y desde que al-Idrīsī aceptara su amparo con la velada esperanza de obtener muy pronto el gobierno de una parte del norte de África. A la espera de esa circunstancia que nunca llegó, ha tenido al-Idrīsī un asiento de honor detrás del trono y una irrefrenable admiración por un raro rey cuya cultura no ha conocido límites. *Tampoco existen límites para su conocimiento de las ciencias, que tan profunda y sabiamente las ha estudiado en todos sus detalles. Él es responsable de innovaciones singulares e invenciones maravillosas jamás antes conseguidas por príncipe alguno.* No se encuentra corte en el mundo cristiano que haya reunido a tanta gente brillante de las ciencias y las artes, venida de todas partes, con la cual el rey se involucra sin intermediarios. Enorme será la deuda que Europa tendrá con Sicilia cuando obras extraviadas de Ptolomeo y Euclides, de Platón y Aristóteles, traducidas al latín con el auspicio del monarca, sean devueltas a ella.

Tres lenguas domina Roger II y tres son sus religiones. Ha sido basileo para los griegos, rey a la europea para los latinos y sultán para los musulmanes, que hasta un harén con doncellas y eunucos tiene. En árabe, griego y latín se anuncian la mayoría de sus edictos, y acuña monedas con el símbolo de Cristo y otras tantas con el de Mahoma, e incluso las hay en que aparecen ambos. De árabes está formado su ejército, pero son griegos los alistados en la armada más poderosa del mundo. Bizantinos son los mosaicos de las iglesias de Palermo y Cefalú, y tiene techo con mocárabes la capilla Palatina; cinco cúpulas bermellón coronan el edificio cúbico de la iglesia benedictina. Bien le decía su padre que para gobernar Sicilia había que ser tolerante y justo con normandos y griegos, con longobardos, judíos y árabes, con gentes de costumbres y lenguas tan diferentes.

En una Europa fragmentada y exhausta por las Cruzadas, decaída espiritual y materialmente, Roger II, sabiendo que pronto habrá de morir, puede sentirse orgulloso de haber forjado un país próspero y resplandeciente donde conviven pacíficamente todos los credos.

(1, 74, 77, 96, 107, 116)

Soleura, 1349

LOS SOSPECHOSOS HABITUALES

Se derrumban los cuerpos bajo el peso de fiebres y espantosos dolores, mientras crecen, hasta el tamaño de una nuez y de pronto tan grandes como huevos de ganso o manzanas, los tumores que en la ingle, en las axilas y en el cuello indican la presencia de la enfermedad. Bastan tres días para que, envenenado por entero su organismo y ahogado en vómitos de sangre, muera el enfermo a pesar de cualquier cuidado. Llega a ser tan implacable este mal, que al parecer ataca por el aliento y a través de la mirada, que anida en las ropas y en los objetos que tocan los moribundos, que no hay médico que quiera asistirlos ni ser querido que desee permanecer a su lado. Cuando se atreven, de inquietantes máscaras y larguísimas espátulas se valen los curas para administrar la última hostia consagrada.

La enfermedad mata por cientos, de día y de noche. En las iglesias no queda tierra santa donde recibir sepultura ni suficientes campanas para tocar a muerto. Son tantos que, fuera de los muros de la ciudad, a cada zanja ancha y profunda que se abre para enterrarlos le sigue otra y luego otra y de inmediato otra más, que así de rápido rebosan. Y apesta el aire a carne muerta por el número de cadáveres que, lanzados por las ventanas, no encuentran quien los retire de las calles, abolidas como están la amistad y la caridad, y porque no hay oro suficiente para recompensar tanto riesgo. Pocos dudan que sea éste el fin del mundo, por lo que los temerosos enmiendan sus vidas abandonando la vanidad y la avaricia, y los desencantados invocan al Diablo y se hunden en escandalosas bacanales.

En medio de la noche fría y rotunda, dos cartas le fueron entregadas al obispo de Soleura. Una llevaba el sello de plomo de la cancillería pontificia. La del buen amigo Chauliac iniciaba con esos horrores, por lo que su desasosiego no encontró alivio sino cuando se sintió fuera de peligro en la alcoba, donde fue capaz de retomar su lectura. Por fortuna, la epístola continuaba tratando aspectos de la plaga que sólo necesitaban de la razón. Que el avance de esta coincidiera con la ruta de la seda ya había sido advertido por Megenberg a través de su asidua correspondencia. El puerto de Caffa, en Crimea, volvió a ser mencionado; también los de Messina y Marsella. Sin duda, barcos genoveses ayudaron a esparcir el mal a medida que abatían velas en los muchos puertos de Europa, del norte de África y Oriente Próximo. Juzga Chauliac que, más temprano que tarde, no habrá villa que no sea alcanzada por la calamidad, por lo que serán decenas de millones los mandados a la tumba. Teme el obispo que los europeos estén pagado muy caro sus lujos, el apetito por los buenos tejidos y las especies, por las finas pieles que llegan de Asia Central.

Dos o tres hipótesis se permitió esbozar el obispo al saber que se había evitado el contagio del Papa encerrándolo en sus habitaciones y rodeándolo de antorchas llameando sin interrupción. Chauliac recomienda, además, lavarse las manos y pies con agua de rosas y vinagre, pero evitando el baño, ya que la apertura de los poros facilita el contagio. También prescindir del ejercicio intenso, moderación en los placeres de la carne, no dormir demasiado y jamás hacerlo de espaldas. Identificados con precisión los síntomas de la enfermedad, expulsar los malos humores quemando almizcle, fresno, pino, roble y romero. Aparecidos los tumores y las fiebres, nada mejor que las sangrías y la incisión del bubón para eliminar el veneno de la sangre; y emplastos de raíces de azucena o violetas, ungüentos de arcilla armenia, frotando los tumores mientras el paciente bebe zumos de frutas.

Las causas del flagelo, sin embargo, son un misterio. Convencido está su amigo que se debe a la misma corrupción del aire que en los últimos tiempos viene arruinado las cosechas, la cual, según las enseñanzas de Hipócrates y Galeno, supone el desequilibrio de los cuatro humores en las gentes. Pero las investigaciones encargadas por el soberano francés a la Universidad de París han concluido que se debe a la conjunción de Saturno, Júpiter y Marte bajo el signo de Acuario, ocurrida casi cuatro años atrás y precedida por un eclipse de Sol y otro de Luna. Cierta responsabilidad puede que tengan los seísmos, asegura Megenberg, por lo que la enfermedad es atribuible al terremoto de Aquilea ocurrido en enero. Con todo, juzga el médico Alfonso de Córdoba en breve tratado, una epidemia causada por eclipses, conjunciones y temblores sólo debe prolongarse por un año, y que la actual debió haberse extendido únicamente por el sur de Europa. Colige, entonces, que la enfermedad ha sido causada *por pérfidas maquinaciones contra la cristiandad por sus enemigos*. Ha conseguido el sabio que esta tesis tenga muchos adeptos entre los legos.

Comprendió el obispo, hacia su final, que en esta temeraria afirmación se encontraba el motivo que llevó a escribir la carta. Pero la solicitud de Chauliac es impracticable; sus argumentos, con los cuales está de acuerdo, ya son inútiles en estos parajes. Tanto como las disposiciones enviadas por la cancillería, leídas de primero, objetadas con cierto enfado. Ignoran en Aviñón el efecto que han tenido las horribles expiaciones de los flagelantes en la gente. El espectáculo ofrecido, tan admirable como perturbador, ha conseguido que la acusación prorrumpida por los herejes calara en las mentes con inesperada eficacia. Aunque convenga con Chauliac y Megenberg acerca de su falsedad, hubiera preferido el obispo que la plaga aún fuera tenida por castigo divino o capricho del Demonio.

Porque no tanto de la peste sino de las gentes es que huyen en masa los judíos, acusados de envenenar pozos de agua y esparcir la muerte negra. Nadie parece advertir que ellos también la sufren; tampoco que devasta pueblos donde no viven sino bautizados. Para mayor inri, las bulas papales formuladas para protegerlos fueron respetadas en Saboya y Châtel, porque han sido tribunales los que han logrado confesiones y dictado sentencias. El resultado de sus actuaciones ha sido esparcido a pasmosa velocidad por todo el imperio, y las gentes, considerándolo válido y justo a pesar de haber terciado largas y espantosas sesiones de tortura, han elegido prevenir antes que lamentar.

En este país que habita el obispo, en tierras del Rin, a cuyas almas solicitó prudencia con virtuosas homilías, ya no existe razonamiento posible que consiga detener la matanza. Aquí se resolvió quemar judíos sin esperar a que alguno de sus habitantes enfermara.

(10, 68, 109, 134)

Lubawa, 1543

ASPIRAR A LA VERDAD O SALVAR LAS APARIENCIAS

Tiedemann Giese, obispo católico de Kulm, no puede creer que alguien se haya atrevido a falsificar el magno tratado de Nicolás Copérnico, y de inmediato escribe una carta con ásperas palabras a Georg Joachim Rheticus, quien ha sido el consignatario de la copia en limpio que fue empleada para la impresión definitiva. Jurará Rheticus que nada ha tenido que ver con tamaña infamia, y el editor Johannes Petreius sostendrá que a sus prensas entró el manuscrito sin quitarle una coma ni añadirle una letra. En todo caso, sabe el obispo Giese que demandará del Consejo de la ciudad de Núremberg la reparación de semejante atropello, proponiendo que se incluyan en las copias aún sin vender el trabajo de Rheticus, *Narratio Prima*, donde el único discípulo que tuvo Copérnico reivindica la realidad física del heliocentrismo y del movimiento de la Tierra propuestos por su maestro, los cuales, además, no son contrarios a las sagradas escrituras. Es deber para con su viejo y entrañable amigo, quien no puede defenderse por haber muerto un par de meses después de publicada la obra.

Anónima es la mano que se ha metido con el texto. El nuevo título, *Sobre las Revoluciones de los Orbes Celestes*, insinúa sutilmente que la Tierra, al no ser considerada parte de los cielos, queda fuera de lo tratado. Lo peor, sin embargo, viene inmediatamente después: el prefacio advierte al lector que la obra es tan sólo una hipótesis matemática y que, por lo tanto, no debe confundirse con la realidad física. Los amigos de Copérnico creen en la fortuna de haber sido escrito en tercera persona. Con todo, no será suficiente para salvar el equívoco, que hasta el Papa Juan Pablo II, cuatro siglos y medio más tarde, alabará a Copérnico porque *tuvo la prudencia del investigador al que falta aún la prueba decisiva de sus tesis*.

Tan antigua como la astronomía es la disputa que trata de decidir si la ciencia ha de aspirar a la verdad de una realidad externa e independiente o si, por el contrario, debe limitarse a *salvar las apariencias*, consiguiendo que los fenómenos encajen en las teorías pero evitando inmiscuirse en sus causas. Aristóteles se encaminó a buscar explicaciones basándose en la naturaleza de las cosas; de la segunda alternativa, de raíz platónica, dirán que Ptolomeo es el campeón, aunque rechazara el heliocentrismo de Aristarco por razones físicas y, basándose en ellas, presentara en *Las Hipótesis de los Planetas* un modelo mecánico. Si de salvar las apariencias se trata, el modelo de Copérnico es igual de preciso que el de Ptolomeo; pero tiene la ventaja de necesitar menos hipótesis para dar cuenta, de forma unificada, del movimiento de los planetas y de la Luna. Copérnico ha conseguido sistema tan armonioso poniendo en movimiento a la Tierra, modelo que además entendió como representación exacta de lo que tiene de real el cosmos, de la creación de Dios.

Por eso durante años abrigó dudas y temores en torno a la publicación de su obra; pero una vez decidido, Copérnico defendió la dimensión cosmológica de su sistema en el prefacio que enviara, en forma de dedicatoria, al Papa Pablo III, junto con una enérgica advertencia a los teólogos para que no invadieran los terrenos de la ciencia haciendo mención de las sagradas escrituras. Lo hizo desatendiendo el consejo del teólogo luterano Andreas Osiander, colaborador en la imprenta de Petreius, quien temía a las previsibles reacciones que sobre las tesis de la obra tendrían aristotélicos y teólogos, tanto católicos como luteranos. Será Osiander a quien Johannes Kepler denuncie, sesenta años después, como el falsificador anónimo del tratado de Copérnico.

A vuelo de pájaro, ha intervenido Osiander de buena fe. Sabía, como responsable de la adhesión de la ciudad de Núremberg a la Reforma y de haber acusado al Papa de Anticristo, que su nombre en el texto sólo habría conseguido la inmediata condena de la obra por Roma. Y, sobre todo, habrá logrado que el modelo de Copérnico, interpretado de forma instrumentalista, sea aceptado por la Iglesia e incluso empleado en la elaboración del Calendario Gregoriano de 1582. Será así hasta que comiencen los textos de Giordano Bruno a inquietarla, hasta que Galileo Galilei, enfrascado en una nueva imagen física del mundo y comprendiendo lo que implica la doctrina copernicana, se sienta obligado a cargar contra Aristóteles.

No obstante, el propósito de Osiander ha sido malévolo: imponer el dogma luterano, para el cual no hay otro conocimiento válido que el revelado según los antojos de Dios. Quinientos años después, a partir de esa falsificación, habrá quienes encuentren la influencia de Lutero en la ruta seguida hacia la ciencia empírica moderna, en su sentido instrumental, de chisme tecnológico sustentado en cálculos y sin compromiso con lo investigado.

La ciencia como un *juego en manos de técnicos*, aceitada maquinaria utilitarista que no le interesa la verdad.

(9, 35, 40, 45, 65)

Londres, 1572

LA REVOLUCIÓN CIENTÍFICA

Este hombre nacido y criado en Londres, en el seno de una familia acomodada, con tan vasta cultura que hasta dos docenas de libros tiene en su biblioteca, cree
en la existencia de brujas, de magos y milagros,
que las estrellas y los sueños predicen el futuro,
que el arco iris es una señal de Dios y un cometa la del Diablo.
Este hombre cree que en Bélgica viven hombres lobo,
que el cuerpo de un asesinado sangra en presencia del asesino,
en un ungüento que cura una herida si se le frota en la daga que la causó,
que el vil metal puede ser transformado en oro y los montones de paja en ratones.
Este hombre piensa que Aristóteles es el más grande filósofo de todos los tiempos,
que Gayo Plinio Segundo es la máxima autoridad en historia natural, Galeno en medicina y Claudio Ptolomeo en astronomía;
y, por supuesto, cree que el Sol y todas las estrellas completan una vuelta alrededor de la Tierra en veinticuatro horas, y que las ideas de Copérnico no son para tomárselas muy a pecho.
Este hombre, que en todo eso cree, está a punto de llenarse de dudas.

(180)

Praga, 1601
ALGO ESTÁ PODRIDO EN DINAMARCA

Era pedante, frívolo y extravagante; y lucía narices de oro o plata para cubrir la que le mutilaran durante un lance con espadas a causa de una fórmula matemática. Fue un juerguista impenitente, hacia el final rodeado por un bochinchero séquito de parásitos que un bufón enano y supuestamente psíquico entretenía. Supo unirse en matrimonio con una plebeya, enamorado y a pesar de la tradición. Pocos recuerdan sus predicciones astrológicas; y su modelo del Universo, en el cual giran los planetas alrededor del Sol que gira, junto con la Luna, alrededor de la Tierra inmóvil, será muy pronto una entretenida curiosidad. *Que no crean que he vivido en vano*, murmuraba, cada vez que conseguía arrancarle algo de lucidez a la agonía.

No obstante, durante treinta y cinco años, escudriñó los cielos sin telescopios y sin ellos siguió planetas y estrellas con precisión de relojería. En la isla de Ven, donde el rey Federico II le construyó los dos mejores observatorios de Europa, hizo pedazos la aristotélica idea de la inmutabilidad de los cielos con los avistamientos de la supernova de 1572 y del gran cometa de 1577. Él ayudó a clausurar la Edad Media y a que fueran aceptadas las ideas de Copérnico. Con él tendrá sus deudas la astrofísica moderna. Durante la larga y penosa noche en que se le fue la vida, sólo parecía preocuparle su sitio en la posteridad.

Tras once días de mucho sufrir, luego de enfermar durante el banquete que el barón de Rosenberg organizara en Praga, ha muerto el astrólogo y astrónomo danés Tycho Brahe. Cuatro siglos después, luego de detectar una cantidad anormalmente alta de mercurio en pelos de su barba, dirán que murió envenenado. Pudo ocurrir de forma accidental, al abusar del *Medicamente tria* que le recetaran para apaciguar los malestares ocasionados por la funesta velada. Para personajes tan coloridos, sin embargo, las conspiraciones son siempre más interesantes, así que dos teorías se encargarán de asomar la posibilidad de que Tycho Brahe haya sido asesinado.

Johannes Kepler es el principal sospechoso. Su motivo habría sido hasta noble, capaz de honrar a la mismísima víctima y al nacimiento de la ciencia moderna: las minuciosas observaciones de las posiciones aparentes de los planetas hechas por el danés. A pesar de que Kepler había llegado a Praga a instancias de Brahe, luego de dieciocho meses no había conseguido de este más que información aislada, colándose con desgana entre conversaciones inútiles: durante una cena, la cifra del apogeo de un planeta; para el siguiente almuerzo, los nodos de otro; Brahe como tirándole sobras a un perro dócil y a veces hasta demasiado servil, y Kepler impaciente por conocer los datos astronómicos que tan necesarios le eran para comprobar la veracidad de la teoría heliocéntrica. *Confieso que cuando murió Tycho, rápidamente me aproveché del poco juicio de sus herederos para poner las observaciones bajo mi cuidado, o quizás para robarlas*, escribirá Kepler más tarde, en clave penitente. Con la muerte de Brahe, Kepler no sólo se apoderará de los preciados datos: también se convertirá, en poco tiempo, en el nuevo matemático del Sacro Imperio Romano-Germánico.

La otra historia, también con más imaginación que pruebas, dirá que Brahe ha sido asesinado para reparar el honor de un rey ya difunto. Ni bien subió al trono, el joven rey Christian IV quiso ver a Brahe muerto por haberse metido en la cama de la reina madre. Dirán que su hermano, el príncipe Hans, dio la orden, y que el conde Eric Brahe, primo del astrónomo, se encargó de deslizar el mercurio en una copa de vino. Al parecer, esa intriga palaciega ya ha servido o pronto servirá para que William Shakespeare escriba *Hamlet*, acaso su mejor obra. En ella, Tycho Brahe será el rey usurpador apremiado por casarse con la reina viuda; aquel que morirá, en el último acto, al tajo de una espada envenenada, la misma que poco antes habrá tocado de muerte al atormentado príncipe de Dinamarca.

(72, 82, 89, 152, 178)

Estocolmo, 1650

PARA VIVIR TANTO COMO MATUSALÉN

Alguien ha escrito en un periódico flamenco que *ha muerto un loco que había afirmado poder vivir tanto tiempo como quisiese*. Pero toda Europa está abatida por la noticia: al fin y al cabo, para sabios y legos, René Descartes era el filósofo que estaba a punto de encontrar el secreto de la inmortalidad. Su amigo Claude Picot, convencido de la solidez de los conocimientos de Descartes, creerá que su muerte en la corte de Cristina de Suecia ha debido tener *una causa extraña y violenta*; de otra manera, le resultará inexplicable su temprana partida, contando apenas con cincuenta y cuatro años. Más o menos lo mismo opinará el científico holandés Christiaan Huygens, quien lamentará, desconsolado, que Descartes no haya dejado ni siquiera unas pocas líneas sobre la manera de vivir tanto como los patriarcas bíblicos. La filosofía del genial pensador francés, en todo caso, comenzará a cuestionarse. Argumentos en su contra nunca faltaron.

El mismo Descartes siempre lamentó, a través de su nutrida correspondencia, lo esquiva que resultaba una medicina basada en *infalibles demostraciones*. Por haber sido un niño demasiado frágil, sentenciado a morir joven por los médicos, la conservación de la salud fue, desde siempre, el objetivo principal de sus estudios. En el famosísimo *Discurso del Método*, aparecido trece años antes de su muerte, anunció la determinación de emplear el tiempo que le restaba de vida en escudriñar la Naturaleza para conseguir las reglas más fundamentales para la medicina.

Mientras porfiaba en su empresa y proclamaba de antemano la desmedida cantidad de años que iba a vivir, recomendó medicinas y tratamientos a amigos y conocidos: a Blas Pascal, al verlo decaído, mucho reposo y muchos caldos; a la princesa Isabel de Bohemia, una flebotomía para sus manos hinchadas, pero cuando llegara la primavera. Cientos de años podría vivir el ser humano, decía Descartes, si se guiara por el apetito y siguiera un régimen alimenticio sobrio y rico en fibras, si descansara mucho en la cama y evitara la ansiedad y la depresión; y, sobre todo, si no se dejara *impresionar por las chifladuras de los médicos* y desconfiara de los medicamentos modernos. Pero la medicina no es como las matemáticas: a veces es ciencia y muchas veces artesanía. Consciente de las limitaciones de la duda metódica y la necesidad de certidumbre, la doctrina médica de Descartes terminó arropada por la nada revolucionaria costumbre, por eso que suele llamarse el sentido común.

De todas maneras, por inesperada, la muerte de Descartes invitará a teorías de conspiración. Dirá la gente en la calle que, con una hostia llena de arsénico en el día de la Purificación de la Virgen, fue envenenado por François Viogue, capellán de la embajada francesa en Estocolmo y miembro de una congregación pontificia: convencido estaba que la metafísica cartesiana, sospechosa de herejía, representaba un obstáculo para la conversión de la reina Cristina al catolicismo. Se murmurará que el filósofo lo supo de inmediato y, como antídoto, esa misma noche solicitó una infusión de tabaco y vino para provocar el vómito. Otros afirmarán que la infusión tenía la intención de parar la altísima fiebre que maltrataba al enfermo. No se sabrá, entonces, si los síntomas que presentara el moribundo se debieron al arsénico o a una intoxicación producida por el vomitivo. Cuando por fin Descartes, ya demasiado débil, accedió al tratamiento sugerido por los médicos, un par de sangrías no sirvieron para nada. Movió la cabeza de un lado a otro el doctor van Wullen al ver sangre en la orina de Descartes, y de inmediato sus ojos buscaron los de Viogue. Pero el cura se negó a darle la extremaunción.

Pocos creerán en esa historia. Es más probable que una pleuresía haya enviado a Descartes a la tumba. Las exigencias de la reina Cristina lo obligaban a conversar con ella en las crudas madrugadas del invierno escandinavo, a la intemperie. El desajuste en la máquina de Descartes hizo que su método fuera insuficiente para recuperar la salud que tanto había cuidado.

(39, 108, 160)

Londres, 1716

UNA DISPUTA SIN FIN

La disputa ha terminado, le escribe el abad veneciano Antonio Conti a sir Isaac Newton, poco después de la muerte del sabio alemán Gottfried Wilhelm von Leibniz. Conti se refiere a la agria pelea que por el descubrimiento del cálculo infinitesimal han mantenido durante años Leibniz y Newton, y cuyo episodio culminante y más vergonzoso ha sido la condena del primero por plagio.

En un demoledor informe de cincuenta y una páginas publicado en abril de 1712, redactado por un comité *ad hoc* de la Real Sociedad de Londres, Leibniz había sido hallado culpable tras el detallado análisis de cartas públicas y privadas del matemático John Collins. Concluía el informe que el sabio alemán, a través de Collins, Henry Oldenburg y Ehrenfried Walther von Tschirnhaus, habría tenido acceso, casi cuarenta años atrás, a un manuscrito secreto y jamás publicado de Newton con todas las claves del nuevo método de cálculo. Un siglo más tarde se sabrá que cada uno de los párrafos del documento fueron escritos por el sabio inglés, presidente de la Real Sociedad de Londres para entonces. Los miembros del comité convocado por John Keill, quien jamás ha movido un dedo sin la aprobación de Newton, nunca firmaron el documento.

Una disputa que jamás debió ocurrir. Al menos Leibniz no la deseaba, loco de contento cuando Newton le reconociera –aunque exigiendo para sí la paternidad– el haber llegado a descubrir el cálculo infinitesimal de manera independiente. Así había quedado escrito en un escolio de los *Principios Matemáticos de la Filosofía Natural*, honor que devolviera el marqués de L'Hôpital, alumno de Johann Bernoulli y por lo tanto también de Leibniz, casi una década más tarde, reconociendo los aportes de Newton al tema. Había dejado claro, sin embargo, que el método del sabio alemán era más prolijo, más fácil y expeditivo.

Pero la arrebatadora personalidad de Isaac Newton no podía dejar las cosas de ese calibre. Tres años después, el matemático suizo Nicolas Fatio de Duillier –*el mono de Newton*, según opinión del científico inglés Robert Hooke– declaraba ante la Real Sociedad de Londres que en la invención del cálculo infinitesimal Leibniz había tomado todas las cosas prestadas de Newton. La guerra entre los ingleses comandados por Keill y los continentales liderados por Bernoulli quedó servida, y en pos de la victoria ambas partes echaron mano del *libelo, los anónimos, los chismes de salón, la difamación, la mentira, las intrigas palaciegas, el espionaje, el tráfico de influencias y la alteración de documentos*. Un sainete que sería puro entretenimiento si no fuera porque, en su reverso trágico, muestra cómo la inteligencia se arrodilla no pocas veces ante los egos y las ambiciones, ante las taras no resueltas y frente a un nacionalismo ramplón que se cree exclusivo de los imbéciles.

Manipulador, perverso, arrogante, hostil, opinan y dirán de Newton quienes lo conocen y lo han sufrido, quienes estudien su vida y obra en el futuro. Públicamente se cansó de desmerecer las contribuciones de Hooke a la óptica y la mecánica; y con la misma furia y determinación había conseguido que expulsaran al astrónomo John Flamsteed de la sociedad científica después que éste lo demandara ante los tribunales por haber publicado sus investigaciones sin su nombre ni consentimiento. Tendrá que esperar el científico Stephen Gray, amigo de Flamsteed, a que Newton muera para que sus trabajos sobre la conducción eléctrica, los primeros, sean reconocidos. En sus disputas, Newton parece ser fiel a su famosa primera ley del movimiento.

Y por eso se equivoca el abad Conti: la guerra contra Leibniz continúa. Una última carta del alemán, conciliadora, ha enfurecido a Newton, y posiblemente también la controversia sobre Dios, tiempo y espacio que, a través del filósofo y teólogo Samuel Clarke, ha mantenido durante todo el último año y que la muerte de Leibniz ha dejado inconclusa. Pronto dirá Newton que el informe de 1712 *había roto el corazón a su contrincante y por eso llegó a morir*; y en la tercera edición de los *Principios Matemáticos* habrá de desaparecer aquel escolio donde Leibniz era *geometra peritissimo* y *vir clarissimus*.

Más allá de lo personal, la guerra del cálculo habrá de saldarse con el rezago de las matemáticas inglesas con respecto a las del continente. Atraso evitable, qué duda cabe, si Isaac Newton, además de un gran científico, fuera buena persona.

(63, 100, 111, 138)

Campos de Castilla, 1724
EL HOMBRE QUE QUERÍA SER EL PRIMERO EN VOLAR

Buscando llegar a Inglaterra, quizás todavía sueña el padre Bartholomeu Lourenço de Gusmão con grandes e ingeniosos balones de aire caliente que pilotos avezados al timón conducen muy por encima de la tierra o del mar, dentro de espaciosas cabinas guindadas de los globos y vigilantes de los fuelles que grandes mecheros alimentan. Tal vez aún los piensa portentosos, capaces de trasportar cien o mil hombres hacia una lejana batalla, colonos a tierras recién conquistadas, oro y azúcar del Brasil, marfil de Guinea, canela y pimienta de Goa; quizás aún imagina aquel de menos envergadura que, lleno de chismes astronómicos, quiso alguna vez para observar los astros sin la necesidad de esperar a un cielo sin nubes. Exhausto y enfermo por los campos de Castilla, recuerda Lourenço de Gusmão, con enorme amargura, que en parte ha sido por este sueño, para él útil y honrado, que está siendo perseguido por la Inquisición.

Tenía veinticuatro años y aún era estudiante de la Universidad de Coímbra cuando solicitó al rey João V el privilegio de patente sobre la invención de su instrumento para andar por los aires, capaz de hacer 200 leguas por día y ventajoso en la guerra y para el comercio. Pronto tuvo Europa noticias del ingenio por el *Wienerisches Diarium* y el *Evening Post* de Londres. Dos siglos más tarde, el pintor brasilero Bernardino de Souza Pereira hará eterna una de las dos ocasiones en que, entre agosto y octubre de 1709, un globo, aunque de tamaño pequeño, construido con un papel nada ligero e inflado con el aire que calentaba un mechero de barro puesto en su base, supo elevarse hasta una altura suficiente para que los presentes en el Palacio de Ribeira quedaran maravillados.

Con asombro e incredulidad no se habló de otra cosa en Lisboa durante meses. Con burla y desdén, porque no habrían de perdonar las gentes esa muestra de talento, fue Lourenço de Gusmão el torpe y absurdo *Padre Voador*, y fue conocido su invento con el nombre de *Passarola*, a propósito de un pájaro grande y poco agraciado. No podían tolerar los poderosos de la corte que el jesuita, habiendo nacido en la colonia de Brasil, fuera mozo de capacidades tan infrecuentes, dirigidas al estudio de las ciencias naturales, como para obtener la protección del duque de Cadaval y del marqués de Abrantes. Y mucho menos consentir que su invento llamara la atención y recibiera el mecenazgo del joven rey, que éste le otorgara el privilegio de construir tan novedoso prodigio a él y sólo a él; que le fuera dada una beca de trescientos mil reales para estudiar las ciencias matemáticas en Coímbra, mandato real que la *Junta dos Três Estados* jamás quiso cumplir.

Contra su honor y sus orígenes se ensañaron los envidiosos; y sospechó de pronto la Inquisición que el apellido de Gusmão fuera adoptado para desorientar, para ocultar su condición de circunciso. Flacos servicios hicieron sus vínculos con nuevos cristianos, la íntima amistad que le prodigara Miguel de Castro Lara, huido con su esposa a Holanda para evitar un auto de fe. De nada valió que abandonara el proyecto de sus naves voladoras; ni siquiera fue suficiente que dejara la corte para viajar a Holanda, Francia e Inglaterra. Desde su regreso, había constatado Lourenço de Gusmão que hay odios imperecederos, sufriendo otra vez sus ferocidades desde que el rey lo pusiera al frente de ciertos asuntos de Estado, desde que les otorgara, a él y a su padre, el título de *Fidaldos da Casa Real*.

Han vuelto a cuestionar, por lo tanto, la pureza de su sangre; pero además lo han hecho sospechoso de brujería, porque dicen que gusta deambular en las noches para observar las estrellas, cuando no se dedica, en su casa y a esas horas, a construir alguna máquina infernal. Siendo uno de sus favoritos, también aseguran que ha tenido el privilegio de acompañar al rey durante las visitas con que ha honrado a las hermanas de los conventos de Odivelas y de Santana, las cuales no se han llevado a cabo precisamente para rezar. Por eso el inquisidor João Marques Bacalhau anhelaba escuchar su nombre mientras interrogaba a las monjas, y comentaba con el juez Jerónimo de Cétem que sería cosa muy beneficiosa si Lourenço de Gusmão resultara ser el cura implicado en los indecentes eventos que, salpicados de sexo, intrigas, traiciones y hasta del intento de hechizar al mismísimo monarca, han quedado al descubierto y alborotan a toda Lisboa. Juran que en su casa, a donde ha ido a buscarlo con orden de arresto, Marques Bacalhau ha encontrado el libro sagrado del islam, abierto sobre una mesa y lleno de anotaciones.

Alertado por el propio rey, quien incluso le ha facilitado dinero, ha huido de Lisboa Lourenço de Gusmão. Junto a su hermano menor, con nombres falsos, al no conseguir barco que de inmediato pudieran abordar hacia Inglaterra, ha decidido atravesar España. Tras veinte días de penosa travesía, a veces a lomo de burro, la mayor parte del tiempo a pie, sabe Lourenço de Gusmão que ya son vanos sus sueños, que jamás será el primero en construir una máquina para volar. También sabe que, si ha de llegar a Toledo, será solamente para morir.

(32, 36, 51, 118 171)

Londres, 1726

TODO UN PROFETA

Sigue adelante, / viajero, / e imítale si puedes, / ya que fue un hombre que por / encima de todo defendió la libertad.
Parte del epitafio en la tumba de Jonathan Swift

Laputa es una enorme isla voladora, cuyos habitantes no están interesados en los asuntos prácticos que atañen al mundo cotidiano. Por su culto a las matemáticas, las mujeres son bellas en la medida en que su rostro y su cuerpo aludan a círculos y elipses, a paralelogramos y rombos, y las comidas que disfrutan sus gentes son todas intachablemente geométricas. Es horrible su arquitectura, levantada desde planos de una abstracción imposible, y las complejas ecuaciones que emplean en la confección de las ropas las hacen insufribles a la hora de llevarlas puestas. Porque tienen los laputenses un ojo vuelto hacia adentro y el otro hacia los cielos, inmersos como están en profundas meditaciones y en la astronomía, un sirviente acompaña siempre a su amo en los paseos para evitar que caiga en los precipicios.

Siempre en las alturas, Laputa domina de forma tiránica a un país a ras del piso y arruinado llamado Balnibarbi, al cual priva del sol, interponiéndose, cada vez que sus ciudadanos amanecen porfiados y contestones. Tiene éste, en su capital Lagado, una academia de proyectistas donde se estudia el ablandamiento del mármol para la fabricación de almohadas, la construcción de edificios comenzando por el tejado, la transformación de excrementos en alimento, la extracción de luz de los pepinos y su almacenamiento, y la sustitución de gusanos de seda por arañas, ya que estas, además de producir hilo, saben tejer. Alimentadas con moscas de colores, esperan los proyectistas que las arañas produzcan tejidos de muchas y hermosas coloraciones. En la Academia de Lagado, fundada a la misma hora del mismo día del mismo año que la Real Sociedad de

Londres, se construye una máquina que produce secuencias de palabras al azar para que, sin genio ni estudios, cualquiera pueda escribir libros de derecho, filosofía, matemáticas y poesía.

A estos parajes ha ido a parar, en su tercer viaje, luego que su navío fuera capturado por piratas, el cirujano y más tarde capitán de muchos barcos Lemuel Gulliver. El relato de sus aventuras, conocido en la forma abreviada de *Los Viajes de Gulliver*, ha sido recién publicado y ya *es universalmente leído, desde el Gabinete del Consejo hasta la guardería*, y jamás dejará de ser editado.

El autor es Jonathan Swift, hombre de Irlanda e Inglaterra, de Balnibarbi y —este nombre no es inglés ni casual— de Laputa, de las cuales reniega por igual, debido al cruel dominio de Inglaterra sobre su patria, a causa de la indecorosa obediencia de Irlanda a los tiranos. En muchos escritos, de manera satírica, ha dado cuenta de la pertinaz miseria que rodea a su pueblo; y también de las catástrofes que trae la guerra, de las corruptas, vanas y arrogantes instituciones inglesas, incluyendo a la Real Sociedad de Londres, donde Swift observa extraviarse sin remedio las aspiraciones del hombre por conseguir, a través de los avances técnicos, un futuro sin penurias. Aunque mueva a la risa, el tercer viaje de Gulliver se ocupa de esta tragedia.

Pero no ridiculiza Swift a la ciencia porque sea lego o reaccionario. Se ha pronunciado sobre sus valores positivos y posee en su enorme biblioteca textos de Newton, William Gilbert, Athanasius Kircher y Bernard Le Bovier de Fontenelle. De la rigurosa lectura de las *Philosophical Transactions* de la Real Sociedad de Londres ha sacado los estrafalarios experimentos en que se basan aquellos a los que asiste Gulliver en la Academia de Lagado. Ha sido Swift, además, un estudioso de Kepler, tanto como para aplicar sus leyes en el cálculo de órbitas de lunas imaginarias alrededor del planeta Marte.

Swift abjura de la ciencia por lo poco que ha hecho para mejorar la vida de las gentes, porque la medicina no cura enfermedades y los agrónomos marchitan las tierras; porque sus logros más importantes han sido las armas para la guerra, *sin mostrar ningún tipo de afectación ante escenas de tanta sangre y desolación*. Y, presintiendo el advenimiento del capitalismo, nos advierte sobre el predominio de las mercancías sobre la cultura y la reducción del conocimiento al dinero, de la despreocupada felicidad de unos pocos a costa del sufrimiento de muchos. Swift denuncia con fuerza el exagerado optimismo en las posibilidades liberadoras de la ciencia y la tecnología, al entender que estas, sin sentido moral, pueden llegar a ser un azote capaz de ultrajar a la humanidad. Swift no está *dispuesto a separar las consideraciones morales de las abstracciones, de los dudosos logros y de las condiciones de la producción científica de su época. Tal separación, a su juicio, podría desembocar en catástrofes irremediables.*

Todo un profeta.

(14, 121, 169, 180)

Quito, 1743

LA FORMA DE LA TIERRA

Bien saben los científicos que la excentricidad de la Tierra, tan pequeña, no tiene repercusiones en cuestiones prácticas como la cartografía. Pero para Francia la forma del planeta es un asunto patrio, porque enfrenta a la impracticable mecánica de Descartes con la más elaborada física de Newton; a los vórtices de materia sutil, soporte de la interacción entre todas las cosas, con una fuerza que actúa a distancia y en el vacío que tanto aborrecieran Descartes y Aristóteles. Contra la fuerza de gravedad arremeten también los jesuitas, porque demuestra que la Tierra se mueve, inaceptable herejía, y es otro duro golpe a la filosofía del estagirita, acaso el definitivo. Por eso hacen causa común con los cartesianos, aunque la duda metódica merezca también los infiernos.

Se deduce de la principal obra de Newton, y también lo habían inferido Huygens y Hooke, que la Tierra es un elipsoide achatado en los polos. El achatamiento de Júpiter, observado por Flamsteed, parece corroborar la tesis, aunque no encuentre Fontenelle ninguna razón para que las leyes de la física sean las mismas en todo el Universo. Ya el astrónomo Jean Richer había encontrado que un péndulo oscila más lentamente en Cayena que en París, porque con esa forma la gravedad es más débil en el ecuador que en los polos.

Sin embargo, la Academia de las Ciencias recela de estos resultados, ya que las medidas realizadas por Giovanni Domenico Cassini, a lo largo del meridiano francés, parecen corroborar lo sostenido por Descartes: que la Tierra es oblonga. Invocando la superioridad de las observaciones frente al carácter predictivo de las teorías, la Academia de París organizó dos expediciones para triangular la longitud de un grado del arco de meridiano en otras tantas latitudes bien alejadas entre ellas. Así de decidida estaba a zanjar la controversia.

Son ocho los larguísimos años que, cumpliendo esa tarea, han pasado en el Perú los científicos Louis Godin, Pierre Bouguer y Charles Marie de La Condamine, el futuro académico Joseph de Jussieu y el ayudante geógrafo Couplet, el relojero Hugot y el cirujano Séniergue, el ingeniero Verguin y los asistentes Morainville y Godin des Odonais. Los guardias de marina Jorge Juan y Antonio de Ulloa fueron imposición de la Corona española a cambio de la venia para entrar en su colonia; pero además de haber tenido que elaborar un informe secreto sobre la situación política del virreinato y vigilar a los franceses, sus funciones también han sido científicas.

Todos ellos han tenido que subir montañas de más de 4.000 metros de altura por pendientes escarpadas, ateridos de frío; y han sufrido la furia de los vientos, de nevadas copiosas y lluvias de granizo, de tormentas eléctricas que destruían las instalaciones. Todos han enfrentado despeñamientos, enfermedades y ataques de fieras salvajes. A esas altitudes, rodeados de macizas brumas, han desperdiciado muchas semanas por no poder recoger un solo dato. Poca ha sido la colaboración de los lugareños y muchos los pleitos judiciales por deudas, de tan menguados que fueron los dineros llegados de Francia. Tan pendencieros y sórdidos han sido entre ellos como para necesitar mediación de París y órdenes del Ministerio de Marina a cada rato.

Más que desafortunada ha sido la expedición. Cuando el 31 de enero de 1743 se dan por terminadas las observaciones, La Condamine está casi sordo y con reumatismos; Jussieu, prematuramente senil, y a Louis Godin lo esperan en Francia para expulsarlo de la Academia por malversación de fondos. Una horrenda fiebre se ha cobrado la vida de Couplet, y Hugot ha perdido la suya cayendo de un campanario; un amante celoso ha asesinado a Séniergue en Cuenca. Parece que Morainville ha desaparecido en la selva y Jean Godin des Odonais tardará veinte años en reencontrarse con su esposa, a quien está a punto de dejar en Riobamba, embarazada, para viajar a Cayena. Al menos Jorge Juan ha de ser nombrado miembro de la Academia de las Ciencias y pertenecerá Ulloa a la Real Sociedad de Londres, por lo que la ciencia que se realiza en España tendrá su sitio en Europa.

Como consuelo, han observado las propiedades del curare y de la quina; han visto, en los árboles que lloran, la emulsión lechosa que se convierte en caucho con humo o mezclándola con otros jugos y savias, y han tenido en sus manos vasijas y telas impermeables. Si bien parece plata, están seguros que es un nuevo metal lo que Ulloa ha descubierto en Esmeraldas. Y han mejorado de manera importante los mapas de esa parte de América y del curso del Amazonas, por lo que las observaciones realizadas serán de gran ayuda cuando Alexander von Humboldt y Amado Bonpland regresen cincuenta años más tarde. Con todo, por más que la precisión conseguida con los instrumentos a su disposición haya sido asombrosa, los resultados del trabajo geodésico, objetivo central de la misión, hace años que dejó de ser decisivo: la expedición a Laponia de 1735, a cargo de Pierre Louis Moreau de Maupertuis, ha concluido que los newtonianos tienen razón. Y no ha necesitado más que un año.

Con un cáustico epigrama se encarga Voltaire de los cartesianos y, de rebote, de los jesuitas que lo acosan de manera implacable debido a la publicación de su obra *Cartas Filosóficas*: […] / *Ustedes confirmaron en estos lugares llenos de aburrimiento,* / *Lo que Newton sabía sin salir de su casa.* / […].

(50, 56, 93, 153)

Caracas, 1763

PARA QUE LA MEDICINA SEA COSA DE BLANCOS

Zumo de mastuerzo y agua en taza de plata, dorada, con piedras de bezoares, [...] palomas abiertas por el vientre [puestas en la boca del estómago] *y unas plantillas de piel de gato negro,* fue la receta del licenciado Espinosa para devolver al reino de los vivos, en 1688, al obispo de Trujillo Fray Alonso de Briceño. A veces, la medicina de piaches y herbolarios es mejor que la de los doctores de la conquista, que bien sabe un buen curandero cuándo administrar vomitivos y sangrías, purgantes y sudoríficos, ungüentos de grasa de diferentes animales, y cuándo los bebedizos deben provenir de yerbas crudas o luego de un primer hervor. Se maravillan y horrorizan curas y soldados cuando los piaches ordenan baños contra las fiebres, siendo el agua, allá en Europa, poco menos que un veneno.

Que en las Indias la suerte de los enfermos quede en manos de curanderos no sorprende a nadie: ubicar un licenciado en medicina es tan arduo como la búsqueda de Eldorado; conseguir un cirujano titulado vale un Potosí. Aunque en España la Ilustración haya combinado la práctica de ambas disciplinas en una sola persona, de este lado del océano la cirugía es casi artesanía y, por lo tanto, responsabilidad de barberos y empíricos. En verdad, la medicina en las colonias es oficio de pardos y negros libres. Ha tenido suerte don Leguisamon que Manuel de Olivares le partiera la cabeza a garrotazos en Caracas, donde tres cirujanos auténticos y franceses fueron capaces de salvarle la vida, efectuando, de paso, la primera trepanación en el Nuevo Mundo.

De estos problemas está al tanto la Corona, así que permite que en las aldeas indígenas se practique medicina sin licencia. Sólo donde hay blancos es necesario rendir exámenes para obtener el permiso, pero hasta ahí nomás: cobran tan caro los médicos y se niegan tan seguido a tratar a mulatos, zambos y negros, que los cabildos prefieren mirar hacia otro lado para evitar que casi toda la población quede desamparada. Además, al menos en Caracas, un sistema de salud para el populacho y otro para los mantuanos le permite al Cabildo mantener bien separadas las castas, y los criollos locos de contento.

De todas maneras, para combatir a curanderos y supercherías han mandado de España al señor doctor don Lorenzo de Campins y Ballester, con quien se iniciarán los estudios de medicina en la Universidad de Caracas en 1763 y el Protomedicato de la provincia en 1777. Su cruzada también tiene otras motivaciones: Campins y Ballester se propone hacer de la disciplina una profesión digna en las Indias, es decir, sólo de blancos. Sin embargo, tan poco apreciada será esta profesión entre los mantuanos, que la Universidad apenas conseguirá licenciar a 32 estudiantes durante los primeros 42 años, una cifra ridícula cuando se la compare con el número de curas que graduará en ese tiempo.

En verdad, habrá de ser valorada por muy pocos. De su formación en Caracas, por ejemplo, se quejará José María Vargas, camino a Inglaterra en 1813: *Seguí gramática latina, filosofía experimental, sin experimentos, matemáticas hasta donde pude internarme, sin ayuda de peritos maestros, lógica, metafísica, etc., cuatro años de medicina, con un maestro inepto en todo, sin ciencias accesorias, sin conocimientos de anatomía, química, botánica, que sólo se conocen aquellos dos ramos imperfectísimamente, y el último es del todo ignorado.* Los apuntes que empleará el licenciado Felipe Tamariz para la cátedra, casi idénticos a los dictados de su maestro Campins y Ballester, no describirán ni una sola enfermedad. Pero la Universidad de Caracas, refractaria a todo saber moderno, no pondrá en entredicho las ideas manejadas por su claustro: a pesar de todas las gestiones, hasta 1824 sólo existirá una Cátedra Prima de Medicina, sin cursos independientes de anatomía, cirugía o farmacia. Sin lugar a dudas, curanderos y herbolarios se encontrarán más cercanos a las nuevas corrientes de la medicina europea que Campins y sus discípulos, atascados en la medicina galénica.

Con todo, los pocos y nuevos médicos criollos lograrán su objetivo: tras casi una década de muchos pleitos, Felipe Tamariz conseguirá que la Real Audiencia de Caracas anule la cláusula de tolerancia a los curanderos. Sin acceso a la universidad por parte de las castas más bajas, las despreciadas, la medicina, al menos oficialmente, limpiará su sangre.

Tamariz morirá, en 1814, durante alguno de los festivales de sangre organizados por Boves para Barcelona. Vueltas de la vida: lo matará un ejército lleno de pardos y negros buscando venganza.
(26, 52, 91, 94, 146, 174)

Caracas, 1790

HEREJE, MAL VASALLO, SEDICIOSO Y REBELDE

Dice Miguel Sanz que buena parte de quienes persiguen un título de la universidad lo hace sólo para conseguir reputación y privilegios. Por eso, se queja, anda Caracas llena de frailes sin vocación, mantenidos por el resto mediante contribuciones obligatorias, y algunos letrados exhiben una mediocridad que encandila. Los criollos, ha comentado Francisco de Pons, creen alcanzada la felicidad únicamente cuando *obtienen un grado militar, un puesto en la hacienda pública, un oficio judicial o una orden honorífica*. Les gusta enfrascarse en discusiones sobre política, escribirá Humboldt, y cuando son medianamente cultos conocen las obras maestras de la literatura francesa e italiana y tienen una decidida predilección por la música. De ciencias exactas, de dibujo y de pintura, sin embargo, saben poco y nada. Como si no existieran.

La agricultura y las artes mecánicas de la provincia son asuntos para negros y pardos; rara vez lo son de isleños blancos. Los mantuanos, los dueños de la tierra y de todo, las desprecian, por lo que es un lujo una hacienda de cacao con una productividad mayor al tres por ciento de su valor. Esa renta de poco sirve para costear las casas de muchos criados en Caracas, las fiestas y los esclavos, damascos y terciopelos de Italia, maderas de pino y roble, salmón de Alemania, holandillas de algodón y quesos de Flandes, cerveza y mantequilla de Inglaterra. Viven los criollos a crédito, con más gastos que entradas, extendiendo la mano ante la Hacienda e inventando piruetas con vales anticipados, con futuras cosechas que todavía no tienen compradores. Necesitan pedir prestado hasta cuando se les solicita un donativo y nunca tienen plata para defender al país: cuando Miranda invada Venezuela en 1806, las autoridades se verán obligadas a organizar una colecta pública para juntar fondos, cosa nunca vista a lo largo y ancho del reino. Reputación y autoridad les sobra para mirar al resto desde muy alto, pero sus bolsillos no conocen sino telarañas.

La Universidad caraqueña, monopolio de blancos, educa y gradúa para perpetuar esas realidades. Llevan las ideas de Galileo y Bacon, las de Descartes y Newton, muchas décadas alborotando el mundo, pero los académicos criollos se empeñan todavía en encerrar a la ciencia en *la gramática latina de Nebrija, en la filosofía aristotélica, en los Institutos de Justiniano, en la Curia Philippica, en la Teología de Donet y en la de Larraga*. Y ese saber se defiende hasta las últimas consecuencias: disputas entre la Universidad y el más progresista Real Consulado impide que el proyecto para la creación de una cátedra de matemáticas, impulsado por el rector Juan Agustín de la Torre, sea aprobado por un rey que, aun estando de acuerdo con él, no quiere tener problemas con los mantuanos. En Caracas y en La Guaira, quien desea estudiar matemáticas y saber algo sobre física y geometría, debe acudir a las academias a cargo de oficiales del ejército español o de ingenieros reales, las cuales tienen la manía de desaparecer cuando muere o regresa a Europa el profesor. Fuera de ellas, la ciencia moderna es pasatiempo de curiosos. Humboldt y Bonpland conocerán a dos miembros de esta rarísima especie: el presbítero Puerto, en un convento franciscano, calcula el almanaque para todas las provincias de Venezuela y algo sabe sobre el estado de la astronomía moderna; en Calabozo, Carlos de Pozo, *con sus propias manos y sin haber visto jamás cosas parecidas*, ha construido una máquina eléctrica que nada tiene que envidiar a las mejores de Francia y España. En verdad, a los criollos la ilustración promovida por la Corona se les antoja sospechosa y temen, horrorizados, que sólo sirva para acercar a los pardos a las cimas de sus pedestales. Sus cabezas albergan *las ideas más conservadoras de la Colonia* y, aun entrado el siglo XIX, predominará en ellas *un espíritu enteramente opuesto al de todo el mundo civilizado*.

Por algo Baltasar de los Reyes Marrero, catedrático de Filosofía de Seglares, es culpable; por explicar a Descartes y a Leibniz, a Baruch Spinoza y a John Locke, por introducir nociones de matemáticas y geometría para comprender la física de Newton. Uno de sus estudiantes, mandado por su padre el señor doctor don Cayetano Montenegro, se ha negado a estudiar las lecciones de álgebra y aritmética, por lo que ha terminado expulsado de la clase. *Por explicar materias extrañas e incomprensibles para niños de corta edad*, demanda Montenegro al profesor ante el rey; y por infiel a Dios, hereje, mal vasallo, sedicioso y rebelde.

Con todo y que el Consejo de Indias, en 1791, sólo resolverá que las clases de matemáticas y geometría no son obligatorias, bien sabe Baltasar de los Reyes Marrero, hijo de canarios, que su causa en la Universidad está perdida, por lo que renuncia a la cátedra dos años antes de conocer la sentencia. De nada sirve que el rector de la Torre lo defienda. Casi ochocientos pesos le cuestan el litigio. Una buena inversión, por donde se la mire, si se ha salvado de la saña mantuana, esa que exige oscuridad cada vez que alguien se atreve a circular un poquito de luz.

(19, 53, 54, 78, 79, 95, 102, 117, 146)

Pavía, 1794

EL PROFESOR Y LA CORISTA

Ya puede morir en paz el arcediano Luigi Volta: su hermano Alessandro ha decidido casarse con Teresa Pellegrini, regresando de esa manera al camino consentido por la gente decente y las leyes de Dios. La familia, de mucho abolengo y llena de curas y monjas, se ha salvado del escándalo. De Marianna Paris va quedando algo semejante al rumor de una tormenta apaciguada y lejana; apenas tibia comienza a percibirse la huella de esa fiebre inútil que supo apoderarse del buen juicio, empujando a los amantes a considerar un frenético proyecto de vida lleno de promesas de amor y de fidelidad eternos.

Pasa de los cuarenta y cinco años el famoso científico italiano, rector de la Universidad de Pavía y futuro inventor de la pila eléctrica, como para enredarse en ilusiones adolescentes. O tal vez todo haya ocurrido justamente por eso, porque Marianna lo ha sorprendido a una edad en la cual una envidiable posición y el prestigio apenas si son capaces de placeres vagos cuando falta la total entrega a una sola mujer. *Ma Alessandro, sposare una cantante di teatro!* Tuvo Luigi Volta que ser abanicado por un buen rato y recibir unas gotas de valeriana luego de leer la carta del hermano, en la cual, además de consejo, un párrafo esperanzado pedía su consentimiento. Calma y silencio exigió la presurosa respuesta del canónigo, sin entender cómo pudo Alessandro olvidar que la conservadora sociedad lombarda tolera ciertas pasiones sólo mientras ardan en discretos escondites. El idiota de la familia, habría recordado de pronto: eso pensaban de Alessandro cuando chico, porque así de lento resultó ser a la hora de aprender a hablar y a leer.

Pero a los veintiséis años ya Alessandro había diseñado una nueva máquina electrostática y publicado un ambicioso programa de investigación para unificar las fuerzas de atracción eléctricas con las newtonianas.

Con poco más de treinta, en Inglaterra, Francia y Alemania, en Holanda y en Suiza, su presencia comenzó a ser anunciada hasta con admiración y ya era suya la silla de la cátedra de Física Particular y Experimental de la Universidad. Alessandro Volta es hijo de la Ilustración: una mente vivaz, un espíritu exuberante y ambicioso, un conversador afable, sin petulancias ni falsas modestias; además, es fuerte y guapo y, simulando cierto desgano, majestuoso es su porte. En cualquiera de los mejores salones de Europa, ante su presencia, son pocas las mujeres capaces de reprimir insinuantes miradas detrás de los abanicos ofuscados. Detesta hablar de esas intimidades, pero son célebres las *soirées à écrire* en casa de hermosas damas como Madame Lenoir de Nanteuil, apasionada de las ciencias naturales y de la poesía, admiradora de la destreza de Alessandro para sortear miriñaques y arrancar enaguas, para batallar con electrizantes corsés repletos de cinchas y ganchitos, de lacitos y botones.

Marianna Paris, la *prima buffa* recomendada con inocencia por la condesa de Salazar para que Alessandro la protegiera del imprudente ambiente universitario durante las presentaciones de carnaval en el teatro, debía ser solamente eso: escaramuzas de impenitentes, carne dispuesta a aplacar los deseos. Pero ella resultó inesperadamente culta, de *tratto civile e savia educazione*. Para lidiar con fabuloso contrincante, admite Luigi Volta, no muy orgulloso, se vio obligado a echar mano de sus peores artes y sus mejores argumentos; pero el afecto que siente por su hermano es sincero y sólo ha deseado para él lo mejor. Con todo, el dinero entregado a los padres de Marianna fue incapaz de separar a los enamorados, siendo necesario combinar una exaltada rebelión familiar con las protestas del conde de Wilzech, gobernador de la Lombardía, y las dudas del mismísimo emperador Leopoldo II, para que Alessandro entrara en razones. Parte de la herencia de un tío paterno, que Luigi Volta administra a su antojo, supo también hacer lo suyo.

Dijo alguna vez el padre Bonesi que Alessandro Volta sería *el alma más oscura del infierno, capaz de adoptar el comportamiento más inicuo y de entregarse a la ociosidad y los vicios, deshonrando profundamente a su familia y su país natal*. Nada de eso; la maldición ha sido conjurada. De aquí en adelante, el fuego interno por el cual ha sido amado y respetado Alessandro, si no ha de apagarse, tendrá propósitos más quietos: la física, un matrimonio según las costumbres, tres hijos; y su corazón roto permitirá que aflore una religiosidad rayando casi en la revelación. Si dará algún disgusto, tendrá la culpa su ambigüedad en la política, esa manía de comportarse como veleta sin control entre franceses y austríacos. Pero podrá contar que Napoleón, quien asistirá a la presentación de la pila eléctrica en el Instituto de Francia, lo premiará con una medalla de oro y más tarde lo hará conde, lo creía más grande que Voltaire.

En cuanto a Marianna, sólo él sabe de qué manera guardará luto. Pero quienes se encuentren a su lado cuando sea hora de irse, comprenderán que no ha mimado otro recuerdo que el de ella; porque tendrá el sabor de sus besos y el olor de su piel la brisa tibia que entrará de repente por la ventana justo antes que Alessandro cierre los ojos.

(16, 61, 112)

París, 1794

EL TALENTOSO MONSIEUR LE BLANC

Lagrange repasa, una vez más, las soluciones dadas por el estudiante Le Blanc a los problemas propuestos por él durante las clases que dicta en la Escuela Politécnica de París. Espléndidamente ingeniosas, sentencia, gratamente asombrado. Su fascinación, ciertamente, tiene también otra causa: desde su ingreso a la escuela Le Blanc había sido un alumno rematadamente malo. De haber tenido la oportunidad de encontrarse con él, sabe Lagrange que le hubiera aconsejado hacer patria dejándose matar en nombre de la república o de la contrarrevolución, o haciendo cualquier otra cosa que dejara a las matemáticas en paz. Ahora, por el contrario, desea conocerlo para encausar su mente brillante, ya difícil de ignorar, y alabar su transformación académica por increíble, por haber tenido éxito en una empresa casi imposible. En la secretaría de la escuela, entonces, Lagrange deja una nota en la cual solicita a Le Blanc una pronta reunión.

Pero lo que no sabe el secretario, despachando la nota a la dirección que guardan los archivos, es que Le Blanc hace rato que ha abandonado la escuela y París. Tampoco se imagina que los apuntes y ejercicios enviados periódicamente al joven han ido a parar a manos de una persona que no es alumno regular de la institución ni tiene el más remoto chance de serlo en el futuro. De saberlo, estaría obligado a notificar la irregularidad; quizás hasta incitar el escándalo, porque quien provoca la admiración de Lagrange, además de no ser Le Blanc, ni siquiera es *monsieur*.

Sophie Germain, una joven de casi veinte años, se ha visto obligada a usurpar la identidad de Le Blanc porque las matemáticas son inadecuadas para las mujeres de Francia: ellas no poseen, de acuerdo a la opinión de los hombres que saben, la capacidad mental para entenderlas. Aun en revolución, la costumbre les prohíbe estudios formales en ciencias exactas y naturales. La sociedad tiene sus métodos para desanimarlas: la guillotina les recuerda que no se metan en política; una infalible soltería disuade a la mayoría de convertirse en científicas. De todas maneras, como algo de ciencia es necesario aprender, ya que es útil saber de todo un poco para llevar una amena conversación en sociedad, se han escrito libros adecuados para tal fin: el de Algarotti, por ejemplo, *Newtonismo para las Damas*, explica los últimos avances en física a través del coqueteo entre una marquesa y su enamorado, aprovechando la tendencia natural de las mujeres a estar interesadas sólo en amoríos.

Para insomnio de sus padres, no son precisamente estos libros los que ha frecuentado Sophie desde que tiene doce años. La biblioteca de su casa, donde encontró la forma de no aburrirse cuando la calle, sumergida en el tumulto revolucionario, le estuvo prohibida, guarda otros mucho más interesantes. El primer libro leído, mientras afuera estaban tomando la Bastilla, fue capaz de cambiarle la vida: la muerte de Arquímedes, relatada en la *Historia de las Matemáticas* de Montucla, reveló una certeza e hizo estallar una pasión: *si un problema geométrico puede absorber tanto a alguien como para llevarlo a la muerte, las matemáticas tienen que ser entonces la materia más cautivadora del mundo.*

Sin maestros y durmiendo poco, Sophie ha estudiado las bases del cálculo y de la teoría de números, ha devorado la obra de Leonhard Euler y ha aprendido latín para comprender a Newton. Sus padres, horrorizados, trataron de disuadirla quitando las lámparas del cuarto y dejándola sin calefacción y sin ropas en invierno. Hacía tanto frío algunas noches que la tinta terminaba por congelarse en el tintero. No dio resultado y, al final, se dieron por vencidos, acaso confiando que el tímido carácter de Sophie lograría apartarla de las matemáticas cuando tuviera que batallar inútilmente con la junta directiva de cualquier instituto o universidad. O, aceptando el encuentro que propone Lagrange, al momento de verse obligada a revelar su verdadera identidad.

Y Sophie habrá de temer lo peor cuando el famoso matemático, aturdido, se agarre los pocos pelos que le quedan en la cabeza. Sin embargo, el entusiasmo por el trabajo de ella podrá más y, apartando prejuicios, Lagrange se convertirá en su mentor y amigo. De Legendre, otro genio, también será pupila poco tiempo después. [...] *Cuando una persona, según nuestras costumbres y prejuicios, se ve obligada a tropezar con muchísimas más dificultades que un hombre, por pertenecer al sexo contrario, a la hora de familiarizarse con estos estudios espinosos y, a pesar de todo, consigue vencer los obstáculos y penetrar hasta sus rincones más oscuros, entonces esa mujer goza sin duda del ánimo más noble, de todo un talento extraordinario y de un genio superior,* escribirá el príncipe de las matemáticas Carl Gauss cuando también descubra quién es, en verdad, Monsieur Le Blanc.

Ya sin necesidad de alias, Sophie Germain hará contribuciones en el campo de la teoría de números y por el desarrollo de un ambicioso plan para atacar el último teorema de Pierre de Fermat. Una serie de números primos llevará su nombre. Será la primera mujer que asistirá a las reuniones de la Academia de las Ciencias sin ser esposa de alguno de sus miembros. Con todo, no es fácil para ellas alcanzar los altares vigilados con celo por los hombres: jamás podrá Sophie estudiar o dictar clases en una universidad.

Y en el certificado de defunción de Sophie Germain podrá leerse: *una mujer soltera sin oficio.*

(127, 132, 164)

París, 1794

QUÍMICA JACOBINA

La Francia jacobina no ha tenido otra misión que subvertir los nobles valores europeos. Ya no sólo se trata de los derechos del hombre, de la libertad, la igualdad y la fraternidad, sino que también se habla de república, soberanía popular y sufragio universal, vaya atrevimiento. Lo peor es que, después de Valmy y la retirada del ejército prusiano, los franceses ocuparon Saboya y Niza en Italia, invadieron Alemania y llegaron hasta Fráncfort, sometieron a toda Bélgica por cuatro meses y amenazan ahora territorios catalanes, guipuzcoanos y navarros. Poco tiempo les queda a los jacobinos en el poder, pero la propagación de ideas tan dañinas por la fuerza de las armas preocupa a la gente culta del continente. Hasta los ingleses, alguna vez simpatizantes de la Asamblea, han terminado por unirse a la Primera Coalición contra Francia y alista sus ejércitos para una guerra en todos los frentes.

Si de frentes se trata, está visto que esta guerra ya tiene, desde hace rato, uno químico; porque no cabe duda que son jacobinos aquellos que, a las órdenes de Antoine Lavoisier, están tratando de destruir a la vieja disciplina dentro del vasto plan contra las tradiciones. Lavoisier y la hermosa Marie-Anne Pierrette Paulze, la esposa, han reunido sus experimentos en un *Tratado Elemental de Química*, del cual se dirá que es tan importante como los *Principios* de Newton en cuanto a parteaguas en las ciencias. En él se carga contra el flogisto, principio inflamable que en las sustancias da cuenta de combustiones y calcinaciones sin hacerle caso alguno a las variaciones de masa. Y se pretende haber demostrado que el agua no se transforma en tierra ni en aire, ni que sea principio homogéneo de nada, como se sabe desde tiempos muy antiguos, sino sustancia compuesta obtenida de la combinación de dos gases, Dios nos ampare. Además, los reformistas tienen para la química una nomenclatura nueva, dejando de lado nombres misteriosos e inspiradores como los aires –flogistizado, desflogistizado e inflamable–, aceite de vitriolo, *terra foliata tartari, mercurius calcinatus per se*, espíritus del vino y de la madera, sustituyéndolos por términos vulgares como oxígeno, nitrógeno y dióxido de carbono, hidrógeno, ácido sulfúrico y potasa, óxido de mercurio, etanol y metanol. Y yendo más allá, esta gente tan atea sugiere, con sus trabajos sobre la respiración, que los seres vivos están sujetos a las mismas leyes que las piedras. Falta ahora que alguien se dedique a envenenar perros para pesarles el alma.

Por suerte, las reacciones contra el sistema francés no se han hecho esperar. Los filósofos naturales de la Universidad de Gotinga son, de lejos, sus más encarnizados enemigos, y tienen la *esperanza de que al vencer a los jacobinos en ciencia se pudiera ayudar a expulsarlos en todas partes*. En Inglaterra, por su parte, William Ford Stevenson y Henry Cavendish, este último descubridor de la composición del agua, no aceptan que esta, *el antiflogístico natural más poderoso que poseemos*, pueda ser obtenida de gases, *uno de los cuales supera a todas las demás sustancias en su inflamabilidad*. Joseph Priestley, quien ya ha descubierto al oxígeno, escribirá desde su exilio en Estados Unidos: *Me enorgullecería más reconocerme convencido, si viera razones para estarlo, que en la victoria, y rendiría mis armas con placer. Confío en que su revolución política sea más estable que esta química*. Todo lo contrario: las ideas de Lavoisier ya son aceptadas, o pronto lo serán, en Edimburgo, Italia y Holanda, en Suecia y en Berlín, en Rusia; y alguien dirá que, *aunque se podían plantear objeciones a las explicaciones de Lavoisier para fenómenos aislados, la armonía y corrección del sistema como un todo transmitía tanta convicción como es posible en estos asuntos*. Nada podrá hacer Jean-André Deluc, quien, salvo el idioma, detesta todo lo francés: pese a creer que tendrá un argumento decisivo contra la composición del agua, defendido por Volta y Georg Christoph Lichtenberg, considerado persuasivo e incluso devastador por muchos, su teoría de la lluvia jamás ofrecerá una alternativa a la química jacobina.

Pero no precisamente por jacobino es que será ejecutado Antoine Lavoisier este día de mayo. Un capital bien invertido hace mucho tiempo lo había hecho partícipe de la *Ferme Générale*, institución del viejo régimen que, por recaudar impuestos a nombre del Estado, fue despreciada por el pueblo hasta su final en 1790. O quizás se deba a las acusaciones de Jean-Paul Marat, quien jamás olvidó los comentarios despectivos que hacia él tuviera Lavoisier ante la Academia de las Ciencias, catorce años atrás. En todo caso, el Tribunal Revolucionario, en una sala presidida por un busto de Marat, ya asesinado, lo ha encontrado culpable de complot contra el gobierno, estropeando provisiones de tabaco para el ejército, y de apropiación indebida de fondos públicos, y está de cuarto en la fila que espera por la guillotina en la Plaza de la Revolución. Nadie sabe ni sabrá de cuántos asombrosos experimentos, cuidadosamente planeados y ejecutados junto a Marie-Anne, quedará privada la ciencia con la muerte prematura y acaso injusta de Lavoisier. De lo que nadie duda, sin embargo, es que el nacimiento de la nueva química, de la cual él ha sido el más ilustre de los parteros, ya no tiene vuelta atrás.

(67, 71, 83)

En Europa, hacia 1800

INVISIBLES

La ciencia jamás ha sido territorio para mujeres, pero las más curiosas, hasta hace poco, habían encontrado maneras de invadirlo, de sortear el indefectible rol de esposa y madre o de monja. Pertenecer a la nobleza tenía sus ventajas: hubo hasta reinas que emplearon posición y fortuna para patrocinar doctos consagrados o prometedores, todos hombres, por supuesto, ayudándolos en sus carreras científicas y también proporcionándoles el prestigio social que les faltaba. A cambio, no esperaban las madrinas otra cosa que saciar esa rara curiosidad por las ciencias, rodeándose de una pequeña corte de estudiosos durante las veladas privadas que organizaban, o ver crecer su reputación con su nombre publicado en las listas de miembros de las instituciones por ellas apadrinadas. Dios las guardara de aspirar a ser, públicamente, más que una figura decorativa.

Acceso al conocimiento tuvieron niñas de familias burguesas o de académicos, convertidas en prodigios a cuenta del hombre de la casa, a veces por convicción, casi siempre por interés. Tras lucirse en recitales atendidos por príncipes y reyes, haciendo gala de inesperados conocimientos de los clásicos, de las lenguas modernas y de la filosofía, guardando la castidad y la humildad que la sociedad les demandaba, fueron jóvenes prodigio casi todas las mujeres reconocidas públicamente con títulos académicos durante el Renacimiento y la Ilustración. De manera paradójica, ese momento trascendente no pocas veces marcó el final de sus carreras científicas, porque un buen partido era el anhelo que los padres inculcaban para cuando las pequeñas eruditas perdieran su encanto al crecer.

Hubo, por supuesto, quienes se atrevieron a más. Giuseppa Eleonora Barbapiccola tenía veinte años cuando tradujo al italiano los *Principios de la Filosofía* de Descartes, añadiendo un corto prefacio donde defendía el derecho de las mujeres a educarse. Maria Angela Ardinghelli, perteneciente al círculo del príncipe de Tarsia con tan sólo diecinueve años, fue la traductora de las obras del fisiólogo newtoniano Stephen Hales, con tantos escolios al trabajo del autor que convirtieron al texto en una evaluación crítica más que en un mero ejercicio de idiomas.

Mientras fue practicada en las buhardillas de los hogares, las mujeres pudieron involucrarse en las ciencias a las que se dedicaban los varones de la familia. Cuando cierta maestría en el dibujo y la pintura era deseable, como en la entomología y en la botánica; sobre todo en astronomía, donde cuatro ojos o más fueron siempre bienvenidos durante las largas e ininterrumpidas observaciones del cielo, que por algo amontona esta disciplina a tantas mujeres destacadas. Fue para alguna de ellas un trabajo remunerado, independiente de la pensión recibida por el hermano o el marido. Pero Maria Winkelmann fue ignorada por la Academia de Berlín tras la muerte de su esposo Gottfried Kirch y sólo volvió a trabajar para ella cuando su hijo Christfried se convirtió en astrónomo. Advierte el marido de Maria Cunitz en el prefacio de la obra por ella escrita en alemán y en latín, *Urania Propitia: que nadie piense falsamente que tal vez el trabajo no es de una mujer, pretendiendo ser el de una mujer, y sólo impuesto al mundo en nombre de una mujer.*

También hubo mujeres de mucho talento que hicieron de la ciencia una genuina profesión, compartiendo espacios con colegas hombres. Para estas excepciones, un poco de suerte fue necesario: con el mecenazgo de un futuro Papa, un esposo científico y devoto que ayudara a criar doce niños, y en la tolerante sociedad boloñesa, pudo Laura Bassi planear una brillante carrera como físico. Porque los hombres de Quedlinburg se afanaban en impedirlo, Dorothea Erxleben supo conseguirse la dispensa del rey Federico II que le permitió graduarse de médico en la Universidad de Halle y ejercer la profesión.

Pero todas esas puertas que ellas supieron aprovechar se han cerrado. La vorágine revolucionaria, hija de la Ilustración, altera las relaciones económicas y sociales a favor de la burguesía, la cual se hace definitivamente del poder. Del desbarajuste no se libran las instituciones científicas: para su financiamiento, la sustitución de la nobleza en decadencia por funcionarios profesionales –todos hombres, lógicamente– corrige las anomalías, por más eventuales que sean. El traslado de laboratorios y observatorios astronómicos privados a las universidades confirma que la ciencia no es empresa de mujeres. La educación de las niñas seguirá teniendo lugar en la intimidad de los hogares y a criterio de la familia, pero muestras de desbordante sapiencia, más que motivo de orgullo para propios y extraños, traerá desvelos y muchos aspavientos. Así que durante el siglo que empieza, de acordarse el otorgamiento de títulos a mujeres admirables, la discreción será la norma.

Por eso Dorothea Schlözer no pudo estar presente en el acto solemne donde la Universidad de Gotinga le concediera su grado. Hubo de seguirlo en un cuarto contiguo, a través de una ventana, invisible para los presentes. Como siempre ha debido ser.

(25, 166, 180)

Restauración, 1858

KARAÍ ARANDÚ

Aunque jamás escaló esas montañas, lo nombrará una cumbre de los Andes venezolanos; también un río de la Patagonia argentina, un género de fanerógamas que incluye 13 especies, uno de orquídeas y una especie de palmeras; un cráter de la Luna y un asteroide, el 9587.

Pueblos de Corrientes y Misiones llevarán su nombre; y calles de Bahía Blanca, Buenos Aires, Gobernador Virasoro, Oberá, Paraná, Posadas, Puerto Iguazú y Rosario, de Goiânia e Itumbiara, de Quito, de Montevideo, de Caracas, Cumaná y Mérida. Y también un mercado de economía solidaria en Buenos Aires, un parque municipal en Posadas y un jardín en Córdoba, aunque será de Gaulle quien vaya a tener allí un busto.

Será el personaje principal de una novela que Tomás de Mattos no podrá escribir. Ciertamente protagonizará la de Éric Courthès, una pieza de teatro de Ibsen Martínez, una película de Luis Armando Roche y otra de Jorge Acha. Un poema de Juan Gelman estará dedicado a él, tendrá su parte en un relato de Manuel Mujica Lainez. Será inspiración del grupo de rock Canturbe para uno de sus discos, de dos comparsas del carnaval correntino; y de Augusto Roa Bastos para algunas páginas de *Hijo de Hombre*, para las muchas que lo nombrarán en *Yo el Supremo*.

Este francés de La Rochelle, botánico y aventurero, ató definitivamente su destino al de la América que recorrió junto a Humboldt, atraído sobre todo por su generosa y perturbadora naturaleza. Volvió diez años después, ya prevenido de que jamás se iría; y por eso se dejó arrastrar por las turbulencias de su independencia, seducir por una posible nación hecha en contra de la hegemonía de Buenos Aires, por los avatares de cuatro países, a veces con armas en las manos.

Fue en el Paraguay donde supo que era americano, a pesar de haber entrado allí como prisionero cuando José Gaspar Rodríguez de Francia lo creyó espía, avanzada extranjera en tierras que eran la única ruta de salida que tenía el país hacia el resto del mundo. Simón Bolívar amenazó con invadir para rescatarlo mientras él, en el antiguo territorio misionero, era protegido, venerado y próspero, libre de una manera jamás pensada. Cruzando el océano, sus amigos se preocupaban por el hombre que ya no era. Él escribió, para que no se llamaran a engaño: [...] *¿qué encontraría yo en el barrio más aristocrático y brillante de París?* [...] *Perdería lo que yo más quiero, mi sociedad de predilección, mis plantas que hacen mi alegría y mi vida. No, no, es aquí donde debo vivir y morir.*

Abandonó aquella cárcel en contra de su voluntad. Los paraguayos lo acompañaron hasta la frontera, elevando al cielo cantos, vivas y lamentaciones. En tierras correntinas, ocupando ambas orillas del río Uruguay, eligió los mismos paisajes que amó durante aquel supuesto cautiverio. Cruzaba el río cada vez que llegaba la guerra, cinco en total. En la sangrienta batalla de Pago Largo arrasaron su estancia y de milagro se salvó de morir degollado por las tropas de Rosas.

Se ve que no fue motivo suficiente para irse, porque arraigado en estas tierras, con ochenta y cinco años de edad, ha muerto el *Karaí Arandú*, al sabio Amado Bonpland. Fue del gobernador la idea de embalsamar el cadáver para que siete días durara el funeral y toda la población de la provincia pudiera honrarlo. Ya no será posible: hasta la capilla ardiente ha llegado, completamente borracho, el cuñado de Bonpland, y atravesando el humo de plantas aromáticas y medicinales que lo momificaba, según lo recomendado por el propio difunto, se ha dedicado a destrozar el cadáver a puñaladas.

De pura envidia nomás.

(90, 143)

Londres, 1865
LOS IMPONDERABLES

—¿Por qué no me extraña ver la mano del viejo conspirador metida en este asunto?
En su escritorio, el Secretario del Ejército, general William Forster, cierra el cartapacio de piel con apliques plateados, francamente irritado. Dándole la espalda, junto al amplio ventanal del recinto, el general sir Alfred Horsford responde torciendo su delgado bigote negro y encogiendo los hombros, porque es retórica la pregunta.
En el número veintisiete de la calle Grafton fue urdido el engaño. Tras consultarlo con el doctor y el abogado de la familia, la madre estuvo decidida; pero fue del general Francisco de Miranda la idea, en aquel año en que regresó a Londres tras el fallido intento de comenzar una revolución en Venezuela. Habrá reconocido en aquella criatura, aún adolescente, la misma inspiración que lo dominaba, la misma avidez recorriendo su vasta biblioteca; su terca resolución y una naciente disposición a tomar partido por los desamparados. En todo caso, la mentira no debía ser duradera; apenas lo justo, el tiempo que se necesitara para recibir el título de médico. La Universidad de Edimburgo no fue escogida al azar: en tierras escocesas, su amigo lord Buchan fue el mentor, aunque ya no es posible saber si Miranda lo hizo partícipe del secreto.
—Entonces los imponderables…
Dice sir Horsford, apartando la vista de los entretenidos afanes en la construcción del terraplén Victoria al borde del río. No debía la señora Bishop encargarse de amortajar el cadáver del doctor Barry; sin duda apareció requerida por la dueña de la pensión, quien luego no habrá creído lo que escuchaba mientras era chantajeada. De haberse cumplido los deseos del difunto, enterrándosele con lo que llevaba puesto tras la firma el certificado de defunción sin el *post mortem* de rigor, de la señora Bishop

nada hubieran sabido. Jamás habría acudido a la prensa cuando no logró que fuera recompensado su silencio.

—Pero Alfred… ¡todos estaban al tanto!

La mano abierta del general Forster golpea el abultado legajo. La investigación, iniciada al publicarse la noticia en un periódico de Dublín, da a entender que todos lo han sabido todo el tiempo. Sir Horsford mueve la cabeza de un lado a otro, porque cree que son ganas de vengarse de manera tardía de un carácter belicoso, con muchos y en todas partes, aprovechando que ya no puede defenderse. Cierto es que el sirviente del doctor Barry debió participar del secreto; también aquellos que ayudaron a que entrara al ejército evitando el infalible examen físico, si no lo hizo valiéndose de la protección que le brindaba lord Buchan, con conocimiento de causa o no. De seguro lo sabía lord Somerset; pero qué tanto había averiguado aquel que alborotó a toda Ciudad del Cabo con un libelo anónimo, acusando al gobernador de la colonia de mantener con Barry una más que amistosa relación.

Muertos éste, Miranda y lord Buchan, el secreto estuvo a salvo. Historias en tercera persona, alteradas tras los años, fue lo arrojado por la investigación. Presunciones que surgen de un vestir extravagante, una voz aguda y maneras afeminadas, de usar algodón bajo levitas y casacas para agrandar los hombros. De un duelo con pistolas, de cuyas razones nadie quiere acordarse, que bien pudo ocurrir debido a cualquier otro motivo. Como cuando el doctor Barry fue arrestado en Santa Helena por conducta impropia de un oficial, que por algo era adicto a las cortes marciales.

—Seis años atrás, fue visitado un par de veces a causa de una bronquitis: impresionado por el rango y sus logros en la profesión, el médico no se atrevió a examinarlo a fondo. La habitación en una oscuridad casi total le impidió sospechar. Tanta fama y el maldito temperamento ayudaban, sin duda, a espantar a los curiosos.

—¿Durante más de cuarenta años? ¿En el ejército británico? Demos gracias que no se tratara de un general condecorado por la guerra en Crimea… ¡El hazmerreír del mundo entero, eso seríamos!

Y, sin embargo, tuvo el doctor Barry una carrera en medicina más que sobresaliente. Inspector general de hospitales de las fuerzas armadas, el grado más alto al que se puede aspirar sin ser militar. Un cirujano hábil, rápido y preciso, capaz de realizar la primera cesárea en donde sobrevivieran tanto la madre como la criatura, en África y trece años antes que algo semejante ocurriera en Gran Bretaña. Y los cambios que impuso en el tratamiento de los pacientes, de leprosos y dementes: dietas balanceadas y mucho aire puro, la estricta administración de medicinas sólo a cargo de personal calificado. Raro sí, al menos para el ejército, que a donde fuera enviado protegiera a los débiles, a los esclavos y a los prisioneros, a los soldados alcoholizados y defraudados. Pero allí se ve la mano de Miranda, del precursor de hombres libres de la América española.

—Los imponderables...

Murmura sir Horsford, cavilando en cómo abortar el escándalo. Se esperaba que James Barry volviera a ser Margaret Ann Bulkley ni bien terminara sus estudios en Edimburgo. Siendo otra vez ella, habría viajado a Caracas si Miranda no hubiera sido arrestado y llevado a Cádiz, donde dejó sus huesos en prisión. Los imponderables, repite:

—Habría sido Margaret Ann Bulkley la primera mujer médico de Venezuela; y no sé si de todo el continente americano.

(41, 142, 165)

Caracas, 1886

PASTEUR DE LAS AMÉRICAS, RASPUTÍN TROPICAL

Dicen que el brujo, yerbatero y escritor tachirense Telmo Romero será nombrado rector de la Universidad Central de Venezuela. Rumores de pasillo, fórmula predilecta de los venezolanos para estar enterados. De todas maneras, por si acaso, profesores y estudiantes de la Facultad de Medicina, a los pies de la estatua de José María Vargas, reducen a cenizas los muchos ejemplares que han juntado de ese libro repleto de *postraciones inmoralidades y fórmulas médicas que son un conato de homicidio* [...], *verdadero patrón de ignominia para la sociedad*, escrito por quien, sin estudios formales, prostituye las ciencias. No ha terminado de extinguirse la fogata cuando el tumulto enardecido y aún insatisfecho rompe vitrinas y quiebra frascos de la botica que tiene Romero en la esquina de Las Madrices.

Romero se ha hecho famoso con su libro *El Bien General*, el compendio de secretos indígenas aprendidos del piache Charpa tras un año en la Guajira. La obra prescribe, para las muchas enfermedades que padecen las gentes y también los animales, emplastos con manteca de res, cochino o perro; menjunjes con ajo y yagrumo, jobo, zábila y ñongué, potasio y sal, aceite de linaza y ácido fénico, trementina y queroseno, y un tónico capilar fabricado en los Estados Unidos. Sus pócimas curaron a un hijo del presidente Joaquín Crespo de un mal para el cual verdaderos galenos no fueron capaces de arrimar diagnóstico. Han transcurrido ya un par de años desde que, agradecido, el general lo pusiera a dirigir el Asilo de Enajenados Mentales de Los Teques, el Hospital de Lázaros y otras cuatro instituciones de salud en Caracas.

Conquistada la Universidad por las ideas positivistas, han hallado *cómodo afincadero las tesis racistas y los falsos relatos telúricos que orientaron la sociología pesimista, a cuyas equívocas luces fueron negados los propios derechos del pueblo.* Para sus agentes más radicales, un personaje como Telmo Romero no merece sino el desprecio. Un siglo después, comenzando el nuevo milenio, todavía tendrá fama de Rasputín tropical y astuto charlatán, de hechicero de la prensa caraqueña que de sus delirios de héroe nacional se hace eco. Dicen que ha sido *soldado raso, barbero condenado a la pena capital, comerciante en Cúcuta, con un amor fallido en Pamplona, negociante sin ganado en Casanare* [...]. Corre la voz que no han sido suyos los dineros con los cuales ha comprado su farmacia; que es fabricado el doctorado en medicina otorgado por la Escuela de Medicina del Hospital Bellevue, y gigantesca mentira la fama que ha alcanzado su libro en los Estados Unidos. Dicen que en todas estas urdimbres no ha faltado la mano del presidente. Pero cruzando el océano, *L'Indicateur Général des Alpes-Maritimes et des Villes de Saison, journal international, scientifique, littéraire, artistique, industriel, commercial et financier, organe des stations d'été et d'hiver,* ha alabado el remedio hemostático formulado por Romero, el cual *permite hacer la operación quirúrgica más difícil y delicada sin perder una sola gota de sangre,* y lo considera el nuevo Pasteur en las Américas. Sus enemigos aseguran que todo ha sido manipulado por el hábil yerbatero.

Al frente del manicomio, aludiendo siempre a la fortuna que percibe Romero por cada loco curado, sus detractores aseveran que emplea grillos, cadenas y esposas; que extrae dientes para vencer las manías de los pacientes e introduce clavos al rojo vivo en las rapadas cabezas de los más locos. Para espanto de los vecinos, quienes aseguran que en lúgubres noches llenas de neblina no dejan de escuchar los horribles aullidos de los infelices.

Sin embargo, los médicos Pedro Medina y Alejandro Frías Sucre, destacados profesores de la Universidad, han dado fe del restablecimiento de los veinte pacientes que Romero ha tratado con bebedizos, con baños de inmersión o de chorros a temperaturas diversas, largos o cortos y con diferentes frecuencias, dependiendo de la edad, el sexo y la constitución del enfermo. Buena carne en abundancia para los convalecientes parece que también ha hecho lo suyo. Desde los periódicos, el vigilante del manicomio de toda la vida, Miguel Wenceslao Castro, y hasta el antiguo director Enrique Pérez Blanco, han respaldado tan inesperados milagros curativos.

Será difícil convenir dónde queda la verdad, porque las semblanzas que se hagan de este hombre habrán de recurrir, todas, a las mismas fuentes. Sospechoso ha de resultar que por sus aventuras se interesen intelectuales y opinadores criollos cada vez que adviertan que el progreso corre peligro, lo cual suele suceder cuando el gobierno de turno se interesa menos por la clase acomodada y piensa más en los humildes.

    Sospechoso será también que hombre con tantos y tan sanadores secretos, que ha derrotado temibles enfermedades como las fiebres y la lepra, la elefantiasis y la locura, vaya a ser incapaz de encontrar remedio para al menos paliar la tuberculosis que en tan sólo un año habrá de llevarlo a la tumba.

(29, 55, 97, 146, 147)

Río de Janeiro, 1904

LA REVUELTA DE LA VACUNA

Frente a una multitud de dos mil personas, de manera emotiva y hasta trágica, describe el mulato bahiano Vicente de Souza, médico y profesor, antiguo abolicionista y presidente del *Centro das Classes Operarias*, las angustias que toda mujer casta habrá de enfrentar cuando se vea turbada por desnudar su brazo ante el desconocido funcionario de salud pública que intente vacunarla contra la viruela. Enardecidos por el discurso, se dispersan estudiantes, profesores y maestros, funcionarios y pequeños comerciantes, jóvenes cadetes del ejército y de la marina, obreros del ferrocarril, del puerto y de la construcción, prometiendo una tenaz resistencia a la inoculación del virus extranjero, parte del vasto plan con que el gobierno se propone destruir a la clase obrera. Contra la promulgación de la ley que obliga a todos a inmunizarse, y tras la arremetida a sablazos de la policía montada contra un nutrido grupo de manifestantes, estallará la revuelta popular. Explosión de los ignorantes contra el progreso y las innovaciones, dirá el parte oficial.

En la alborada de la *Republica Velha*, quiere la oligarquía que manda expandir el comercio del café y atraer inversiones extranjeras, para lo cual sabe que transformar la capital es indispensable si ha de convertirse en destacado centro de negocios. Porque Río de Janeiro, sin teatros ni museos, sin bibliotecas, tiendas, hoteles ni cafés, sin bancos ni cámaras de comercio, amontonando pobres en *cortiços* y *casebres* destartalados en la zona baja de la ciudad, ese hervidero de peste bubónica, malaria y fiebre amarilla, espanta a los ricos y es tumba para los forasteros. Diez años atrás, el setenta por ciento de la tripulación del *Lombardia*, a poco de atracar, fue arrasada por la fiebre amarilla. *Viaje directo a Argentina sin pasar por los peligrosos focos de epidemia de Brasil*, reza la publicidad de una compañía naviera para tranquilidad de sus clientes.

Con el fin de combatir esos miasmas es el proyecto de saneamiento y remodelación que el presidente Rodrigues Alves ha encomendado al médico Oswaldo Cruz, director de salud pública, al ministro de obras públicas Lauro Müller y al alcalde Pereira Passos. El programa, que mejora la distribución de aguas, fumiga, limpia aljibes y techos, acondiciona los desagües, aísla enfermos en sus casas o los envía a los hospitales, se viene saldando también con casi seiscientas viviendas demolidas en tan sólo un año. Mientras surgen anchas avenidas y crece el edificio de un teatro, vagan los desahuciados por las calles a la espera de las nuevas viviendas que no se construyen; o se apiñan en las favelas que ven nacer y extenderse los cerros cariocas, en barracones tanto o más insalubres donde el programa de saneamiento no se aplica. Todos abominan del personal sanitario que va de casa en casa tomando notas, poniendo multas y prescribiendo desalojos; y casi infinito es el odio hacia Oswaldo Cruz, promotor de esa ley que, además de vacunar a la fuerza, pretende prohibirles casorio y viajes, estudios y empleos públicos a quienes se nieguen a cumplirla.

Dice la Iglesia Positivista que la vacunación es contraria al darwiniano, a la supervivencia de los más fuertes. La prensa opositora alerta del *gran destructor de la felicidad, la salud y la vida humana* [...], *el monstruo que contamina la pura e inocente sangre de nuestros hijos con las viles excreciones de animales enfermos* [...]. El importante periódico que ha publicado la proclama ha usado la foto de un pobre cristiano que, atacado por un tumor, tiene un brazo y el pecho desfigurados. En verdad, la oposición al proyecto, liderada por el senador positivista y antiguo militar Lauro Sodré, responde a los intereses de los oficiales del ejército que, luego de pelear por la proclamación de la república en 1889, han sido desplazados por la oligarquía. Su idea de transformar el país con un gobierno centralizado, fuerte y autoritario, mediante un programa de industrialización nacionalista, le ha valido, de momento, el apoyo de los trabajadores y de la clase media urbana.

Servirá entonces la revuelta de la vacuna para hacerse del poder, aprovechando el desorden que quema tranvías y levanta barricadas, que destruye oficinas públicas, que se enfrenta en calles y plazas, con piedras, navajas y pocos revólveres, a los rifles de la policía. Ha de bombardear la marina leal al gobierno el porteño barrio de Saude, donde los *desordeiros* que lidera Horácio José da Silva, *Prata Preta*, resistirán el asalto de la policía incluso después que Lauro Sodré y el general Silvestre Travassos, con los cadetes de *Praia Vermelha*, fracasen en tomar el Palacio de Catete. Con más de veinte muertos, casi setenta heridos y un millar de detenidos acabará semana tan sangrienta, aunque seguirán interrogatorios, persecuciones y exilios después de liquidada la asonada. Detrás de *Prata Preta* y *desordeiros*, a las inclementes plantaciones de caucho en Acre marcharán, deportados, mendigos y ladrones, putas y desempleados, pagando, como ha sido y será siempre, los platos que otros rompen. Los cabecillas, en cambio, serán todos amnistiados al año siguiente.

Lauro Sodré es uno de ellos, y en alguna gala del nuevo Teatro Lírico, sitio de moda de la clase acomodada, es probable que quienes estrechen su mano lo hagan para felicitarlo. Porque Río de Janeiro, tras la revuelta, libre de enfermedades y de todo tipo de alimañas, rápidamente habrá de ser civilizada.

(113, 120, 139)

Buenos Aires, 1910

UN ASUNTO PATRIO

E l hombre de Miramar no es sólo un problema científico; casi se ha convertido en un asunto verdaderamente patrio, en *la cuestión suprema*. En la pujante y joven Argentina de principios del siglo XX, celebrando su primer centenario sin tradiciones y breve memoria, las huellas de este *Homo Sapiens*, supuestamente el primero del planeta, sirven para que la nación busque su sitio en la historia, tal y como lo tiene el Occidente que se autoproclama civilizado. El antropólogo y médico italiano Enrico Morselli acusa al naturalista Florentino Ameghino, responsable del fabuloso hallazgo, de ser el culpable de *un falso movimiento psicológico y filosófico* que llama argentinismo, al cual compara con la doctrina germana que desembocará en el nazismo. La controversia trasciende el mundo académico y se instala en la gente a través de la prensa, la cual se divide en escépticos, detractores y adulones, en quienes atacan al ameghinismo para salvaguardar el honor del país ante la comunidad internacional y aquellos que denuncian las maniobras extranjeras para encubrir el origen argentino de la humanidad. Hasta los partidos políticos se involucran en el tema y tratan de apropiarse de la figura del sabio. La Iglesia y los socialistas, disputándose el apoyo de la clase obrera educada, convierten la hipótesis de Ameghino en parte fundamental de sus respectivas estrategias.

Y todo porque en el último cuarto del siglo XIX, en el mismo estrato donde hallara fósiles de la mega fauna que pobló América del Sur casi tres millones de años atrás, Ameghino había encontrado restos con inconfundibles huellas humanas. Una punta de flecha incrustada en el fémur de un toxodonte sugería que el *Homo Sapiens* había compartido la pampa argentina con perezas del tamaño de elefantes, armadillos de tres metros de largo y roedores de setecientos kilos, *en una época remotísima, durante la cual Europa estaba todavía sumergida en la barbarie primitiva.*

En pocas palabras: el origen del hombre había que buscarlo en la Patagonia. Inconforme con la versión eurocéntrica de la época, el naturalista mundialmente reconocido todavía fue más allá: todo mamífero de sangre caliente habría aparecido por primera vez en el sur de América del Sur y de allí partió a poblar el resto del mundo.

La hipótesis de Ameghino, por increíble, atraviesa fácilmente el siglo y las fronteras, y tras la muerte del científico, en 1911, pasará a manos de su hermano Carlos, quien se dedicará a defenderla con el mismo entusiasmo. A algunos convencerá; a los europeos y estadounidenses, para nada. Aleš Hrdlička, del Instituto Smithsoniano de Washington, pasará buena parte de su vida tratando de desprestigiar al naturalista argentino; y el antropólogo y físico Marcellin Boule, una verdadera autoridad en el área, rechazará el descubrimiento y asestará un duro golpe a sus defensores. Otros, sencillamente, asignarán nuevas edades a los hallazgos, argumentando que se confundieron estratos geológicos diferentes, voluntaria o involuntariamente.

El fraude sobrevolará el ambiente. Todos los dedos habrán de apuntar a Lorenzo Parodi, quien descubriera, en los acantilados de Miramar, la mayoría de los objetos estudiados por Ameghino. Parodi, durante el verano, todavía lleva turistas a los sitios de excavación a cambio de una buena propina. Tanto legos como expertos lo reconocen: donde señala Parodi, allí se consiguen objetos relacionados con el hombre del terciario. Es una fija, aunque a veces las boleadoras desenterradas tengan rastros de musgo frescos. Después que Parodi sea trasladado al Museo de Buenos Aires, en 1924, no se volverán a hacer hallazgos en Miramar.

De todas maneras, el estudio de los restos de un cráneo descubierto este mismo año ha llegado con ganas de clausurar el debate. El origen de la humanidad no será argentino, muchísimo menos alemán, como sugiere la mandíbula de Mauer, hallada tres años antes: será inglés y todos a tomar el té a las cinco en punto. Pero el hombre de Piltdown es un verdadero fraude: mandíbula de hombre contemporáneo y cráneo de mono, tratados químicamente para adquirir el aspecto fósil. Hasta Arthur Conan Doyle, autor de las famosas aventuras del detective Sherlock Holmes, será sospechoso de perpetrar el engaño.

(17, 145, 154)

París, 1917
UNA MOMENTÁNEA PÉRDIDA DE LA RAZÓN

Nadie sabrá jamás qué se ha dicho durante esa cena para que de pronto sobreviniera la tragedia; qué palabras han podido golpear tan adentro y hacer añicos la cordura. Él viene de la guerra y es posible que le hayan obligado a escuchar otra vez el griterío que alentaba cada inútil embestida, los aullidos de dolor tras las explosiones y el repique de la metralla; que haya recordado el terror ante el silbido de la bala ciega y tropezado una vez más, dentro de la densa cortina de pólvora y tierra, con los cuerpos abatidos de los suyos y de aquellos que creía sus enemigos. Él viene de muchas horas quietas dentro de las trincheras, aterido de frío, empapado por la lluvia, hundido en el barro, a la espera de la aguda euforia del silbato que llamaba a ir en busca de esos horrores; y es consecuencia, sobre todo, del inesperado bombardeo que lo lanzó, desde lo alto de una torre de observación, contra el suelo y hacia una larga convalecencia. Con el cuerpo roto, el cráneo partido.

En el largo encierro que le espera, quizás piense en la guerra, aunque monstruosa, como riesgo necesario para la renovación del mundo; o proyecte la redención de éste, no obstante que la violencia pueda llegar a ser igual o peor, porque es urgente frenar tan antigua y persistente masacre. Ya tendrá tiempo suficiente para plantar en el fondo de su humanidad una razón oportuna para su propio y demoledor instante lleno de locura. Entonces, del modesto rito de purificación urdido, dirá que había que hacerse cargo de una parte de la familia que consideraba loca, siguiendo los preceptos de la famosa Hipatia. *Es una cuestión de lógica matemática*, sostendrá, con la frialdad que ya le conocieran cuando era estudiante de la Escuela Politécnica. Pero al momento de hacerlo, la frase sólo adornará la certidumbre de su propio delirio ya conjurado, incapaz de otro instante de furioso descontrol.

Para llegar a esa conclusión con la que se asumirá redimido, primero habrá de suprimir la afectividad, anular toda sensación capaz de devolverlo vivo; desviar su mirada del entorno y dirigirla *hacia las regiones desérticas y glaciales regidas por la inteligencia pura*. En las matemáticas que aprendía antes de enlistarse para la Gran Guerra encontrará refugio; y con ellas, su vida, aconteciendo con una regularidad casi monástica, será apenas un imprescindible accidente. *Las matemáticas me bastan*, dirá para negarse a los paseos que por los jardines le recomienden. Desde las ininterrumpidas y largas jornadas de estudio al frente de una pequeña mesa que habrán de instalarle en un rincón de algún pasillo, sin más ayuda que los libros, serán asombrosos los logros que habrá de conseguir: la constante que con su nombre será famosa y el principio que probará ser valioso para la teoría de las funciones de variable compleja; y los muchos trabajos en ramas diversas, como la teoría de números, la geometría, la cinemática, aquellos concernientes a la enseñanza de las matemáticas.

Será para médicos y enfermeros del manicomio de Charentón un paciente modelo. Hasta que muera se le conocerá como un hombre dulce, amable y calmo, de una cortesía refinada. No será precisamente la ocurrencia de un judío loco firmar con seudónimos los trabajos que publique durante la ocupación de París por los nazis; pura cordura habrá de exhibir cuando observe la debida contrición que exigen sus actos, cuidándose de precisar de manera exacta el lugar desde donde remite sus cartas o al pretextar problemas de salud para eludir los encuentros que le propongan otros matemáticos. Dirá el psiquiatra Henri Baruk que padece de racionalismo mórbido y que con frialdad obedeció a un deber de eugenesia. Pero con ese nombre, en 1927, Eugéne Minkowski definirá una tendencia esquizofrénica.

Por los momentos, corre gritando André Bloch, por el boulevard de Courselles, en busca de un policía a quien entregarse. En el apartamento de sus tíos, en el transcurso de la cena, ha asesinado a su hermano George, quien había participado en la guerra, como él, y al igual que él había sido herido. Apuñalados también yacen los cuerpos de su tío y de su tía. Una momentánea pérdida de la razón que Bloch sabrá única e irrepetible cuando decida enfrentar la demencia impuesta por la guerra, pero con la cual pudo haber nacido, dedicándose a las matemáticas.

(23, 122)

Lima, 1927

EL PAPÁ DE LOS COHETES

Tres meses han pasado desde que apareciera la noticia, a propósito de otra que daba cuenta del vuelo sin escalas con que Charles Lindbergh, en poco más de treinta y tres horas, cruzara el Atlántico y fuera el primero en aterrizar en la Europa continental. En ella, Max Valier, un escritor austríaco sobre temas científicos, describía un avión impulsado por cohetes que, empleando pólvora como combustible, sería capaz de viajar de Berlín a Nueva York en tan sólo una hora. Valier acaba de fundar una sociedad de entusiastas de los vuelos espaciales y, devenido muy pronto en inventor con dinero de Fritz von Opel, las pruebas que realice con bólidos impulsados con cohetes de combustible sólido, aunque consigan apenas unos segundos de combustión, asombrarán al gentío reunido en un autódromo cercano a Berlín.

Valier es el autor de un libro muy popular que para legos recrea la teoría del físico rumano-alemán Hermann Julius Oberth sobre la posibilidad de los vuelos espaciales empleando motores alimentados con combustibles líquidos. Aunque rechazada su tesis doctoral por fantasiosa, el libro que Oberth ha publicado en 1923, *Los Cohetes hacia el Espacio Interplanetario*, es ya todo un hito. Al otro lado del océano, sin embargo, el físico estadounidense Robert Goddard piensa que la paternidad de la cohetería moderna debería atribuírsele a él. Aunque llegará a saberse que en 1926 fue el primero en lanzar cohetes de combustible líquido, por los momentos sus investigaciones son tan secretas que ni siquiera el Instituto Smithsoniano que lo financia sabe lo suficiente de lo que hace y sus resultados. En todo caso, la eficiencia de su cámara de combustión alimentada con sucesivas cargas de pólvora, patentada en 1914 y descrita en el único artículo que ha publicado, ha sido puesta en duda por Oberth. En verdad, la publicación de Goddard, *Un Método para Alcanzar Altitudes*

Extremas, no habría sido más que otro sobrio artículo científico si por unas pocas líneas hacia su final no hubiera sido interpretado como *un plan sensacional para enviar un cohete a la Luna*. La prensa de su país lo ha celebrado y ridiculizado a través de caricaturas y canciones populares.

Hasta la Unión Soviética llegó el entusiasmo por el supuesto proyecto de Goddard, y tanta emoción, sin quererlo, ayudó a divulgar el nombre de uno de los suyos. *¿Tenemos siempre que tomar de los extranjeros lo que se originó en nuestra grandiosa patria y murió en soledad debido a la negligencia?*, se pregunta el físico Konstantín Tsiolkovski al reeditar su trabajo de 1903. Disgustado porque sus compatriotas han ignorado durante décadas sus teorías, se ha valido Tsiolkovski de la repentina popularidad de Oberth y Goddard para dejar claro que sobre cohetes de combustible líquido y vuelos espaciales, y también acerca de vida extraterrestre, las primeras ideas deben ser concedidas a él.

Pero ni de Tsiolkovski ni de Oberth, mucho menos de Goddard. En la carta que ahora publica *El Comercio* de Lima, revela el ingeniero y diplomático peruano Pedro Paulet que suya ha de ser la prioridad. Ha sido él quien inventó el cohete de combustible líquido y el primer sistema de propulsión; y un avión torpedo cuyo diseño es superior al de Valier, porque tiene un ala delta giratoria, con varios cohetes en la base, que le permitiría a la nave desplazarse en cualquier dirección, así como, con la punta hacia arriba, despegar y aterrizar verticalmente. Y tantos prodigios de la incipiente astronáutica diseñados treinta años atrás, entre 1895 y 1902, siendo aún estudiante de ingeniería química en La Sorbona y bajo la guía de Marcellin Berthelot; y también después, mientras era cónsul en París y luego en Amberes.

Nada sobre sus inventos había publicado hasta ahora Paulet. De todas formas, su carta en el periódico peruano llamará rápidamente la atención de los alemanes. No habrá de transcurrir un año para que el folleto informativo de la Sociedad Alemana de Viajes Espaciales invite a interesarse por ellos; y en sus próximas dos ediciones, el libro de Valier ya celebrará las ventajas de su motor de combustible líquido. En *El Cohete para Transporte y Vuelo*, de 1929, Alexander Scherschevsky, además de dar a conocer las teorías de Tsiolkovski, concluirá que los postulados de Paulet para la construcción de cohetes son correctos; y de acuerdo con Wernher von Braun, el más famoso diseñador de cohetes del siglo, para pensar en enviar un hombre a la Luna las ideas del ingeniero peruano resultarán fundamentales.

En el futuro, cráteres de la Luna llevarán los nombres de Tsiolkovski, Oberth, Goddard y Valier. Sin embargo, no habrá sitio para Pedro Paulet en el satélite. Es que no ha tenido fortuna buscando financiamiento para sus inventos, si bien rechazará una oferta millonaria de la *Ford Motors* porque le exigirán dejar de ser peruano para que las patentes que se negocien sean estadounidenses. Tampoco querrá unirse al equipo de científicos alemanes que desean probar su cohete cuando sospeche que habrán de emplearlo para fabricar un cañón de mayor alcance que el del Cañón de París.

Se habrán descubierto más de cuatro mil asteroides cuando uno, por fin, merezca su nombre. Pedro Paulet llevará muerto casi setenta años.

(115, 130, 131, 162)

San Juan de Puerto Rico, 1931

LA RAZA DE HOMBRES MÁS SUCIA

haragana, degenerada y ladrona que haya habitado este planeta, opina de los puertorriqueños el doctor Cornelius Rhoads, del Instituto Rockefeller de Investigaciones Médicas y al frente de los servicios de salud del Instituto de Medicina Tropical en San Juan de Puerto Rico. *Lo que la isla necesita no es trabajo de salud pública, sino una marejada o algo para exterminar totalmente a la población. Entonces pudiera ser habitable.*

Y de acuerdo a lo confesado por Rhoads en cartas que han llegado hasta los independentistas, no quedan dudas de su empeño para adecentarla, de una manera que hasta generosa parece, pues expían los puertorriqueños sus pecados en aras del progreso de la ciencia médica. El resultado no puede ser más halagüeño: trece puertorriqueños menos es el saldo de los experimentos con que Rhoads estudia los efectos de inyectar células cancerígenas en sus pacientes, quienes, por supuesto, nada saben del asunto.

Los experimentos con su población serán cosa de no acabar en esta isla ocupada por Estados Unidos desde 1898. Especialmente en Vieques, la isla nena, ese pequeño territorio al sudeste que de la marina estadounidense será laboratorio donde probar napalm y balas de uranio empobrecido, además de utilizarla y arrendarla a otros países como campo de tiro, lanzando bombas que a veces, cuando fallan el blanco por un par de decenas de kilómetros, hieren a un gentío. Y debido a que en el ejército estadounidense no son útiles sino para pelar papas y conducir camiones, que hagan patria los soldados puertorriqueños mostrando cómo desuella vivo el gas mostaza y un químico de la familia de las arsinas con agradable olor a geranios.

Junto a negros y descendientes de japoneses, porque sirven las gentes imperfectas como cobayas para el progreso de las razas superiores. El asunto es de vieja data: ya en 1860 se distribuían mantas infectadas con gérmenes del cólera entre los indígenas de Norteamérica. En tierras conquistadas, en países pobres y vulnerables, son útiles sus pobladores para estudiar la encefalitis equina y la gonorrea, la peste bubónica y la sífilis, la tuberculosis, enfermedades, todas, provocadas deliberadamente. También en ensayos que determinen su resistencia al dolor y a gases neurotóxicos, para experimentos en nutrición que concluyen con niños anémicos y dentaduras a la miseria; en estudios sobre la transmisión del virus del SIDA de madres seropositivas a bebés, aun cuando ya se conozca el medicamento que la previene con éxito. En el atolón Bikini, la bomba de hidrógeno más potente que llegue a probar Estados Unidos será ese espanto de Hiroshima multiplicado por mil, lanzada con el viento en la dirección apropiada para poder observar en las gentes de los atolones Rongelap y Utrik los efectos que causan las radiaciones.

Se defenderán los reos de Núremberg alegando que las barbaridades cometidas por los nazis no les son ajenas a los vencedores de la próxima guerra; y sabrán los jueces que en esos tribunales faltan científicos merecedores de la horca. Entre las ausencias más notorias se contará la del doctor Ishii Shiro, quien, con prisioneros rusos y chinos, con mujeres y niños, sabrá entretenerse probando todo tipo de virus y bacterias, exponiendo hígados a dosis potentes de rayos-X, practicando disecciones en 3.000 personas vivas y conscientes.

Harán piruetas los países que mandan para que esos juicios sólo sirvan de propaganda, conscientes de que la ciencia médica no hace miramientos, que de esos horrores, dentro de sus fronteras, bastante saben presos y soldados, enfermos mentales y huérfanos. Al menos ellos cuentan con comisiones éticas que dificultan cada vez más el reclutamiento de voluntarios. Sin embargo, cuando sean secretos, cualquier ciudadano de a pie, en el sitio preciso y a la hora adecuada, será elegible para participar de un proyecto científico que desparrame sustancias químicas y patógenas sobre ciudades de Canadá, Estados Unidos y Gran Bretaña, dentro de los sistemas de ventilación del Aeropuerto Nacional de Washington DC, de los Metros de Chicago, Londres y Nueva York, y en las fuentes de agua potable de la sede central de la Agencia de Alimentos y Medicamentos de Estados Unidos, vaya ironía.

Los poderosos intereses corporativos habrán de envilecer la educación de la medicina a lo largo y ancho de Estados Unidos. Dado su prestigio, llamará la atención que eso ocurra en las universidades de Chicago,

Columbia, Harvard, Johns Hopkins y Pennsylvania. El propio Cornelius Rhoads, en el Hospital Sloan Kettering Memorial de Nueva York, dirá que investiga una terapia contra el cáncer empleando 1500 tipos de gas mostaza; y siendo miembro de la Comisión de Energía Atómica de Estados Unidos, inyectará isótopos radiactivos hasta en mujeres embarazadas. Médicos de la Universidad de Rochester, la cual crece a la sombra de la *Eastman Kodak*, habrán de suministrar a pacientes uranio, plomo y polonio para ver qué pasa. La destacará el presidente Clinton como modelo para el seguro nacional de salud, aunque allí vaya a permitirse que su personal sea capaz de violar y preñar a una mujer en coma.

Conto todo, fama y fortuna se obtienen del involuntario sacrificio de muchos en nombre del progreso de la medicina. Cornelius Rhoads será portada de la revista *Time Magazine* en 1947. Tras una vida dedicada a la ciencia, el doctor Ishii Shiro morirá pacíficamente en Japón en 1959. Lo hará millonario, además, luego de vender sus experimentos al ejército de los Estados Unidos.

(3, 70, 88, 122, 168, 181, 182)

Viena, 1936

CONTRA ESOS HORRORES

Viena era el lugar donde se preparaba el fin del mundo
Karl Kraus

A l pie de las escaleras, camino a dictar clases, se detuvo a conversar con el bedel. Cosas del clima, sobre el verano ya instalado en Viena, de cielos cada vez más despejados y de mañanas no tan frías; acerca de una pariente enferma en Laab im Walde que la mujer del conserje cuidaba desde hacía más de una semana.

Varias veces miraron hacia uno y otro lado del amplio vestíbulo cuando la política fue dueña de la charla. Bajaron la voz para desaprobar un pacto de caballeros con Alemania que permitiría a los nazis austríacos ocupar puestos en el gobierno y conseguir amnistía para sus presos. El conserje, viejo socialdemócrata, maldijo a Mussolini por obligar a Schischingg a abandonar las negociaciones con la Pequeña Entente, y a franceses e ingleses por su ingenuidad ante el rearme de los alemanes. De la guerra murmuraban cuando él advirtió, por la hora atada a su muñeca, que llevaba varios minutos de retraso. Se sorprendió por el par de frases optimistas que eligió al despedirse, porque la habían juzgado inevitable y peor que la del catorce; demoledora, y enorme la cantidad de gente inocente que mataría.

En la guerra seguía pensando mientras remontaba las escaleras con la vista fija en las vetas rosadas del mármol que pisaba, de las que se distrajo para responder el saludo de dos estudiantes que, con prisa, pasaron a su lado. Reconoció a uno de ellos como un alumno aventajado, aunque sin recordar su nombre ni el curso al cual asistía. En cambio, alzando la vista hacia el rellano, supo de inmediato que Nelböck se llamaba quien, acodado en la balaustrada, lo observaba. Tarde fue cuando advirtió el fuego en la mirada que se apartó de la baranda, cuando el antiguo discípulo ladeó su cuerpo y en el pie que bajó un escalón apoyó todo su peso. Ni siquiera tuvo tiempo de reparar en el revólver al final del brazo extendido, y la primera bala reventó su pecho mucho antes de sentir temor o tan sólo sorpresa.

Quince años atrás, Moritz Schlick, siendo profesor en Kiel, había sido invitado por la Universidad de Viena para hacerse cargo de la cátedra que en el pasado dictara Ernst Mach y luego Ludwig Boltzmann. Fundar la filosofía capaz de terminar con todas las filosofías fue el propósito del grupo que de inmediato se formó a su alrededor, el cual empezó a ser conocido como Círculo de Viena en 1929. Su ya famoso manifiesto, dedicado a Schlick por rechazar un mejor puesto en Bonn, dejó constancia de sus integrantes: físicos, matemáticos y un economista que era también sociólogo, todos ellos atraídos por la filosofía; y filósofos que iniciaron sus carreras como científicos. El mismo Schlick había conseguido su doctorado con una tesis sobre la reflexión de la luz en un medio no homogéneo, así como publicado un texto sobre el tiempo y el espacio que fue bien acogido por Einstein. También señala el libelo a sus predecesores, destacando en la exhaustiva lista los nombres de Epicuro, Leibniz, Hume, Bentham, Comte, Feuerbach, Mill, Marx, Spencer, Helmholtz, Mach, Avenarius, Boltzmann, Poincaré, Peano, Hilbert, Russell, Einstein y Wittgenstein. La concepción científica que la filosofía del Círculo de Viena reclama para el mundo concuerda con en el empirismo y el positivismo, para los cuales sólo hay conocimiento a través de la experiencia; pero los trasciende aplicando el análisis lógico. Feroz es, por lo tanto, su batalla contra la insondable deidad de los teólogos, las entelequias de los vitalistas y sobre todo contra el monopolio que tienen los metafísicos para saber a priori de casi cualquier cosa: de Dios, del tiempo y del espacio, de la moralidad y de la belleza, del Absoluto propuesto por Hegel. *En la confusión de fanatismos encontrados, una de las pocas fuerzas unificadoras es la veracidad científica*, escribirá Bertrand Russell una década más tarde, apuntando *al hábito de basar nuestras creencias en observaciones e inferencias tan impersonales, y tan despojadas de sesgos locales y temperamentales, como sea posible para los seres humanos.*

Hace rato que en Austria esos fanatismos amenazan con una guerra civil que pudiera terminar desmembrando el país o anexionándolo a Alemania. Y es en Viena, de talante liberal desde mediados del siglo pasado, gobernada desde el final de la Gran Guerra por los socialistas, donde la aristocracia europea, incapaz de reconocerse cadáver, y la burguesía, espantada por la revolución rusa y la decisión de los movimientos populares de acabar con el hambre y el despojo, hacen experimentos para sostener sus privilegios. Ya Freud los ha atormentado desde el inconsciente y promete la Física Cuántica desdoblarles el alma. También el Círculo de Viena se ha empeñado en estropearles la moral y las buenas costumbres con que adormecen a las gentes. Porque la racionalidad es, al fin y al cabo, una posición política. Es el deseo de Otto Neurath, quien ha enseñado marxismo a los miembros más jóvenes del grupo, dar forma e impulso a una verdadera revolución tras un mortífero ataque filosófico.

Pero los poderosos venden caro su pellejo; y con la reacción conservadora se fue disolviendo el grupo, de manera progresiva, en la censura y la persecución política, en la emigración de casi todos sus miembros hacia lugares más seguros. Muerto Schlick de cuatro balazos, también el Círculo de Viena ha dejado de existir. Celebrarán la prensa alemana y los nazis austríacos el asesinato del materialista ateo, hedonista y licencioso, corruptor de una nación cristiana. *Esto es lo que saca la enseñanza del positivismo lógico*, podrá leerse en titulares. Johann Nelböck, aunque hallado culpable, pronto será liberado bajo palabra y habrá de declararse seguidor de la cruz gamada tras el *Anschluss* de 1938.

Para *la destrucción de prejuicios irracionales, de los fanatismos ideológicos y de la violencia imputable a estos fanatismos en las relaciones sociales* se habían juntado los positivistas vieneses. Contra esos horrores que siempre han acompañado a la humanidad y se niegan a abandonarla.

(8, 48, 110, 151, 175)

Nápoles, 1938
EL HUEVO DE LA SERPIENTE

> *VERGÉRUS Anyone who makes the slightest effort can see what is waiting there in the future. It's like a serpent's egg. Through the thin membrane you can clearly discern the already perfect reptile.*
> **Ingmar Bergman, The Serpent's Egg.**

La policía no ha dejado de buscar un cadáver hinchado devuelto por el mar Tirreno, un joven recluido hace poco en un monasterio de clausura o un loco vagando por las calles de Nápoles o de algún pueblo de Sicilia. De puño y letra de Mussolini es la nota añadida al expediente policial: *Quiero que lo encuentren*, se lee, subrayado dos veces. La familia, que poco crédito da a estas versiones, ofrece treinta mil liras para quien sea capaz de dar con su paradero.

Ettore Majorana, profesor de física teórica, ha sido visto por última vez en el barco correo que volvía de Palermo aquella noche a fines de marzo, y creen que también en Nápoles unos días más tarde. En la carta enviada al director del Instituto de Física, Antonio Carrelli, la voluntad de matarse es incontestable, aunque un telegrama inmediatamente posterior anuncie que el mar no lo ha aceptado. De suicidas es también la misiva que en un hotel de Palermo dejara para su familia y las conversaciones que mantuviera con el físico Giuseppe Occhialini en los días previos a su desaparición. Pero en enero Majorana había solicitado al hermano la transferencia de todo el dinero que guardaba en Roma; y días antes de viajar a Palermo retiró casi todo lo recibido como profesor desde su nombramiento, hasta entonces intacto en el banco. Tampoco en la habitación que ocupara en un hotel napolitano han podido hallar su pasaporte.

Hay detalles mucho más interesantes. Hay un fermión que, siendo al mismo tiempo su antipartícula, llevará el nombre de Majorana en el futuro; un protón neutro del cual no quiso dar cuenta, aunque supiera de

113

su existencia al mismo tiempo que James Chadwick y Dimitri Ivanenko. También están sus contribuciones a la estructura del núcleo atómico, ya reconocidas por sus pares. Poco había publicado y nada descubierto aún, pero Enrico Fermi le ha manifestado al *Duce* que de *todos los académicos italianos y extranjeros que he tenido la oportunidad de conocer, Majorana es el que más ha impresionado por su profunda brillantez.*

Sin embargo, a pesar de tantos otros elogios en ciernes, abandonó el grupo del instituto de la Vía Panisperna. Con un encarnizado malestar, que sus doctores atribuyeron a un agotamiento nervioso, había vuelto Majorana a Roma luego de una estadía con Werner Heisenberg en Leipzig y una breve y decepcionante visita a Niels Bohr en Copenhague, en ese año en que el incendio del *Reichstag* sirviera para que Adolf Hitler se apoderara de Alemania. Pocas veces fue visto fuera de su casa durante los siguientes cuatro años, llenando tanta soledad de filosofía y economía política, con el estudio de barcos de muchos países y sus armamentos. Sus amigos no están seguros que, en todo ese tiempo, Majorana haya continuado sus investigaciones en física teórica. Carrelli, en cambio, cree que trabajaba en algo en que se le iba la vida y de lo cual evitaba hablar.

En todo caso ensayó su regreso aceptando la cátedra de Física Teórica de la Universidad de Nápoles. Llevó una vida normal, al menos en apariencia, durante casi dos meses. Entonces desapareció. *No crea que soy como una heroína de Ibsen*, le aclara a Carrelli en el telegrama. Si no buscaba darle sentido a la vida, el destino advertido para él, por inevitable, debió ser la causa. Pero qué vocación sería aquella capaz de causar mayor dolor a los suyos que el ánimo de encontrar la muerte o de huir de manera apresurada.

Ya saben los europeos que una nueva guerra es inevitable. Majorana debió saber de un futuro infinitamente peor: él habrá visto, antes que cualquiera, el bombardeo de átomos de uranio con neutrones en Roma y también en Berlín, y habrá imaginado a Fermi en un laboratorio secreto de Nuevo México. Y, sobre todo, las bombas que en Hiroshima y Nagasaki reducirán la vida a cenizas.

Ettore Majorana anticipó ese futuro y no quiso ser parte de él.

(5, 12, 76, 106, 157)

Berlín, 1939

EL BUEN ALEMÁN

Una de las lecciones vitales que debemos aprender del desastre alemán es la facilidad con que un pueblo puede ser tragado por el cenagal de la inacción; dejemos que, como individuos, caigan en la astucia, el oportunismo o la cobardía, y estarán inexorablemente perdidos.
Hans Bernd Gisevius

Dirán que el físico Max Planck colaboró sin chistar con los nazis como convencido guardián de la cultura alemana para las generaciones por venir; y que solicitó silencio a los colegas ante el despido de sus pares judíos, e hizo lo imposible para que las razones de la renuncia de Albert Einstein no llegaran a ser de dominio público, intentando evitar que la Sociedad Kaiser Wilhelm cayera en manos de inteligencias menores. De pronto, sin embargo, el bueno de Max ya no será tan bueno cuando se sepa que, terminada su entrevista con Adolf Hitler, dijo estar convencido que nada tenía el *Führer* contra los judíos.

Son muchos los físicos eminentes que hacen piruetas durante la locura totalitaria nazi. Erwin Schrödinger, aunque pronto se verá obligado a abandonar Austria por sus ideas políticas, ha procurado salvar su pellejo entusiasmándose con la unión de su querido país con Alemania y llamando a una jubilosa sumisión a la voluntad de Hitler. Werner Heisenberg, perseguido por su incondicional respaldo a la Física Cuántica, ha buscado la protección del *Reichsführer-SS* Heinrich Himmler, quien le ha prometido su propio instituto al terminar la guerra. Ni pío ha dicho Heisenberg acerca de la Noche de los Cristales Rotos durante una reciente conferencia en Estados Unidos; y en cada rincón de la Europa ocupada habrá de encargarse de esparcir las glorias del milenio nazi mientras la *Schutzstaffel* acarrea gente al matadero. Con todo, sus defensores siempre mencionarán una reunión en Copenhague con su colega Niels Bohr en 1941, advirtiéndole del programa nuclear alemán; y que el fracaso de éste tendrá su origen en un grosero y premeditado mal cálculo, por razones morales, de la cantidad de uranio–235 necesaria para la reacción en cadena. Los miembros del Proyecto Manhattan asegurarán, por el contrario, que los hacedores de la bomba alemana, incluido Heisenberg, eran un montón de inútiles.

Oportunistas son Philipp Lenard y Johannes Stark, ambos premios Nobel de Física y promotores del programa anti-judío, anti-cuántico y anti-relativista conocido como Física Aria, el cual intenta una conexión entre la raza y la verdad científica que se debe perseguir. Lenard y Stark tienen motivos muy personales para abrazar al nazismo, ya que ambos son experimentalistas de abolengo newtoniano y resintieron de inmediato la creciente influencia de la nueva física teórica, dominada por científicos judíos.

Hay actuaciones, en cambio, que no dejan lugar a dudas. Kurt Diebner no será jamás premio Nobel pero es nazi hasta la médula; y como mandamás científico del Consejo de Investigaciones Nucleares, trabajará en la bomba atómica incluso con los rusos avanzando sin parar hacia Berlín. Diebner, un tipo de principios, jamás tratará de encontrarse en el bando ganador cuando acabe la guerra.

Fueron pocos los científicos alemanes que se opusieron a las leyes de 1933 y 1935, las que han vaciado la academia de hijos de Jehová, ya sea porque han renunciado y huido ante el horror que han visto aproximarse o porque tienen prohibido el trabajo de cualquier especie. La mayoría ha sabido acomodarse o hacerse la distraída ante la ocupación de las universidades e institutos de investigación por los nazis, frente a las atrocidades que se ejecutan en defensa *de la sangre y el honor alemanes*.

Pero para ser justos, pocos son también los que abrazan con alegría desmedida las disposiciones del régimen. Casi todos rezongan, aunque lo justo, o deciden no hacerle mucho caso a una directriz poco significativa; a veces se atreven a ir más allá y acudir en auxilio de los colegas injustamente despedidos, de aquellos que corren el riesgo de ir a dar con sus huesos a uno de los muchos campos de concentración que ya no son sólo rumores. Pero el nihilismo es a veces epidemia entre el profesorado, por lo que el máximo esfuerzo posible casi siempre se administra con el fin de proteger inutilidades varias como la autonomía, el prestigio y un laboratorio repleto de chiches costosos. A la mayoría, una resistencia concertada por todos y para todos no se le ha cruzado por su tan entrenada inteligencia.

Einstein, quien jamás querrá volver a Alemania, despacha a todos sus antiguos colegas con pocos miramientos: *Espero que no regreses a Alemania. No es ninguna bicoca trabajar para un grupo intelectual formado por hombres que se quedan de brazos cruzados ante delincuentes comunes y que incluso, hasta cierto punto, simpatizan con esos delincuentes. No pueden desilusionarme, porque nunca sentí ningún respeto, compasión o simpatía por ellos, aparte de unas pocas personalidades excelentes (Planck 60% noble, y Laue 100%).*

Cada vez que un alemán de visita en Princeton pregunta si querría mandar un mensaje a alguien, Einstein responde *Saludos para von Laue.* Porque Max von Laue es incapaz de disimular su asco hacia el nazismo y hacia todos sus seguidores, aun siendo ario y viviendo entre ellos. *Los odio tanto que tengo que volver a estar cerca de ellos cuando se pierda*, le confesó a Einstein durante su última visita a los Estados Unidos. Ya antes, durante la Gran Guerra, supo renunciar a un puesto en Suiza porque necesitaba sufrir con sus compatriotas los años difíciles por venir. Aquella guerra la apoyaba, por creerla justa; la que está a punto de reventar será indescriptible locura, pero igual se queda en Alemania porque alguien tendrá que juntar los pedazos de la nación y hacerla de nuevo cuando los dementes al fin sean vencidos. Y también porque cada puesto que le ofrecen en Inglaterra o en los Estados Unidos sirve para poner a salvo a judíos y comunistas, a socialistas y homosexuales. A veces él mismo los conduce a las fronteras, y sólo tiempo después, a la hora de escribir una breve autobiografía, admitirá que la empresa es un poco riesgosa.

Max von Laue, premio Nobel de Física en 1914 por el descubrimiento de la difracción de rayos-X en sustancias cristalinas, enseñará Física Judía durante toda la guerra sin que nadie pueda impedirlo. Las reprimendas que reciba del Ministerio de Cultura en Berlín sólo conseguirán entretenerlo. De los diez científicos que los aliados arrestarán en el marco de la Operación Alsos, von Laue será el único que no tendrá investigaciones relacionadas con la energía nuclear.

Max von Laue suele cargar grandes paquetes bajo cada brazo, a cualquier parte donde vaya, para evitar tener que devolver un saludo nazi.

(46, 84)

Brandemburgo, 1942

LOS NIÑOS DE BRANDEMBURGO

En el reporte que escribe en diciembre de 1942 para el Fundación Alemana de Investigación Científica, el médico y neurocientífico alemán Julius Hallervorden dice haber examinado quinientos cerebros, entregados sin parar durante el último verano por el manicomio de Görden. Y son quinientos los niños y adultos alemanes que han sido gaseados con ácido cianhídrico o monóxido de carbono, eliminados mediante inyecciones de morfina o, en el caso de los niños, negándoles alimentos y también calefacción en los fríos días de invierno. En el Hospital de Brandemburgo, donde Hallervorden es el jefe de los prosectores, y en otras veintisiete instituciones de salud pública alemanas, mueren los niños con deformaciones congénitas y retardo mental aunque digan las cartas recibidas por los padres que han sido trasladados para el goce de mejores cuidados. Demasiado pronto llegan las que anuncian los súbitos e inesperados fallecimientos y los certificados de defunción que ocultan las eutanasias en falsas apendicitis, neumonías y septicemias. Son 5.000 los niños que han matado; en tan sólo dos años.

Sabiendo la Alemania nacionalsocialista que iría a la guerra, el programa de eutanasia, pensado para ahorrar y redirigir recursos financieros, ha sido el paso lógico y necesario tras la Ley de Esterilización de 1934. La norma, espejo del programa oficial del estado de California, ya cuenta con 400.000 enfermos mentales alemanes esterilizados de manera involuntaria y con una buena cantidad de artículos científicos de los Estados Unidos e Inglaterra que la aprueban, la alaban y proponen alternativas similares en otros países. Ya en 1920, sostenían el psiquiatra Alfred Hoche y el abogado Karl Binding que la vida no es un derecho, por lo que su disfrute debe ser justificado. Porque la castración y la esterilización no les parecen suficientes, notables científicos estadounidenses, como Foster

Kennedy, William Gordon Lennox y Franz Josef Kallmann, proponen que las enfermedades mentales incurables sean cortadas de raíz, eliminando a los niños que las padecen. En esta batalla por la higiene racial, que se anuncia hasta humanitaria, son los psiquiatras sus guerreros más sobresalientes, y los manicomios los campos donde se libra; y son los enfermos mentales, los epilépticos y los alcohólicos crónicos, los ciegos y sordos congénitos, pero también los desadaptados y protestones, y los mendigos que buscan qué comer en los tachos de basura y duermen a la intemperie, las vidas que no merecen ser vividas. Esquizofrenia de progresión lenta es la enfermedad que sufren los disidentes políticos que encierran de manera forzada en la Unión Soviética donde manda Stalin.

En todo el mundo, el movimiento eugenésico trata de solucionar los problemas sociales y políticos, que el desempleo y la pobreza generan, aplicando principios biológicos. Por eso, en los juicios que en Núremberg se llevarán a cabo contra veintitrés médicos, se las verán negras los tribunales para que las atrocidades cometidas en nombre de la defensa de la raza alemana sean consideradas crímenes de guerra; porque mientras en los campos de exterminio los médicos someten a los judíos a experimentos con agua helada, psiquiatras de los Estados Unidos y Canadá empacan en hielo a pacientes mentales hasta estados comatosos que no pocas veces llevan a la muerte. Al parecer, el horror desencadenado por los nazis es representativo del quehacer de la psiquiatría a lo largo y ancho del planeta.

Con todo, una ley sobre la eutanasia no ha sido promulgada oficialmente en Alemania, por lo que los médicos no están obligados a practicarla ni deben responder ante la justicia cuando se niegan. Eminencias de la medicina, como Hans-Gerhard Creutzfeldt y Karl Kleist, se oponen de forma enérgica y pública a su aplicación. Julius Hallervorden, en cambio, no sólo estudia los cerebros de los eliminados sino que participa activamente del exterminio. Ha sido de él la idea de extraerlos y son de él las instrucciones para hacerlo correctamente; de su laboratorio salen los frascos, los fijadores, las cajas que se necesitan y los técnicos que enseñan a otros técnicos. Al menos en una ocasión, Hallervorden ha examinado a los niños que pronto serían asesinados, y en otra se ha encargado personalmente de extraer los cerebros de los matados. Cuantos más sean, mejor, ha respondido cuando preguntaron qué cantidad de especímenes era capaz de estudiar.

Dicen que siente mucha lástima por los niños y también un poco de náuseas cada vez que nuevos cerebros llegan al laboratorio. Dicen que lamenta la indetenible deshumanización de los enfermeros que escogen pacientes para el matadero por razones personales. Pero Julius Hallervorden, como muchos otros médicos alemanes, sigue participando de esos horrores aunque en 1941 Hitler haya retirado su apoyo al programa para dedicarse a matar gitanos y judíos, polacos y rusos.

No estará Julius Hallervorden entre los acusados de Núremberg: terminada la guerra, podrá continuar sus investigaciones en neurociencias como académico de la Sociedad Kaiser Wilhelm y luego del Instituto Max Planck. Cuando muera, será recordado como un científico dedicado y exigente, un maestro inspirador, una persona modesta y bondadosa.

Pero dice Rabelais que *ciencia sin conciencia no es más que ruina del alma*.

Cuando se tiene.

(13, 18, 159, 161)

Watertown, 1946

LAS NOCHES LLENAS DE FANTASMAS

Con las bombas de Hiroshima y Nagasaki volvieron las pesadillas; como si él hubiera piloteado los bombarderos, como si al pie del memorándum que ordenó aquella atrocidad hubiera quedado el inconfundible trazo de su firma. Entonces, los juicios de Nuremberg comenzaron a revelar la matanza en las cámaras de gas, los hornos repletos de cráneos y huesos, los cadáveres amontonados en las fosas que el fin de la guerra dejó abiertas. En una sala de cine tuvo que cerrar los ojos ante el lento recorrido del noticiero por las almas y los cuerpos rotos de los sobrevivientes. De pronto han llegado un par de cartas dando cuenta, ya con toda certeza, de familiares y amigos muertos en los campos de exterminio. Él no sabe, una vez más, cómo merecer la vida que ha continuado en los Estados Unidos, junto a su esposa y tres hijos, luego de abandonar Alemania a tiempo.

Las noches se llenan de fantasmas. Corren los soldados aliados por los campos de Langermarck huyendo de la nube venenosa que estira el viento, vomitando sangre, torturados por las llagas que devoran ojos, bocas y gargantas. Los que mueren lo hacen después de horribles agonías, o bajo el fuego de las ametralladoras que los avistan vagando a los tropezones o entrampados en las alambradas, ciegos en tierra de nadie. De un tiempo para acá, un tren atraviesa de pronto sus sueños arrastrando vagones donde se apretujan, desorientados y asustados y confiados, los judíos que desaparecerán en los campos de Auschwitz y Oranienburg. Tiene un olor dulzón el humo que sale por las chimeneas y es tanta la ceniza que alguien en Varsovia cree que nieva en abril.

Su padre, Fritz Haber, está en todas las pesadillas. Con su porte orgulloso y sus ojos chiquitos pero inquietos, en su impecable uniforme de capitán de los ejércitos de Guillermo II y jamás sin un cigarro en la boca, se le aparece supervisando la instalación de los miles de tubos llenos de cloro que serán vaciados sobre las trincheras enemigas. Un grupo de jóvenes se mueve obediente al ritmo de su obstinada dedicación; él nunca está seguro, pero cree reconocer a Otto Hahn y a Gustave Hertz revisando válvulas y anotando presiones, a veces sólo James Franck parece acompañarlo. *Un espectáculo maravilloso*, exclama Fritz Haber, viendo al cloro tomar un color ocre bajo la luz de la tarde.

Su padre también se encarga de que el cianuro y el ácido se mezclen adecuadamente junto a las cámaras de concreto, y luego acerca su oreja a la pared para oír al gas silbando por las cañerías, abriéndose paso hacia las duchas donde esperan, hermanadas en un solo grito, las víctimas. Él, entonces, por alguna razón a salvo en medio de tantos horrores, busca en la mirada de su padre un rincón de humanidad: necesita saber si ese hombre que nació judío, aunque convertido oportunamente en luterano, era capaz de remordimiento. Ni siquiera su muerte, en 1934, le trajo paz; acaso si una tregua frágil y arrinconada.

La realidad ha sido testaruda y Fritz Haber será siempre el inventor de esos venenos. También es contradictoria: su padre supo antes transformar el nitrógeno del aire en amoniaco y con éste se produjeron abonos para los agotados campos europeos, para salvar a mucha gente sumida en el hambre. Le concedieron el premio Nobel de Química en 1918. Pero la síntesis del amoniaco, como parte de la fabricación de municiones y explosivos, permitió que Alemania pudiera afrontar la Primera Guerra Mundial. Sin ella, y bloqueado el acceso al salitre chileno por los británicos, se habría rendido en menos de un año.

Toda su energía y su brillante inteligencia para la expansión militar e industrial de Alemania. Desarrollando armas químicas, su padre creyó que él solo sería capaz de ganar cualquier guerra que ella propusiera. Quiso ser para su país el hijo más importante, quedando atrapado en un patriotismo casi delirante: finalizada la Gran Guerra, recorrió el Atlántico, desde Nueva York hasta Río de Janeiro, averiguando la posibilidad de extraer oro del océano y de esa manera ayudar a Alemania a cancelar la pesada indemnización reclamada por los vencedores. Para su padre, la gran causa alemana era sagrada aun cuando estuviera en manos de asesinos: si bien obligado a exilarse en 1933 por ser judío, jamás se atrevió a cuestionar las políticas del gobierno nazi.

La monstruosidad de una mente asombrosa al servicio de la muerte. Su madre Clara odió a su padre por eso y por la manera autoritaria de estar siempre por encima de ellos, del matrimonio y la familia; por destruir sin piedad un temple menos seguro de sí mismo, empujándolo a comprender que no tenía otra alternativa que morir. Y Clara lo hizo apuntando una pistola al pecho, desangrada en el jardín y en brazos de su hijo. Él tenía trece años y su padre dormía en el piso de arriba después de una velada llena de elogios, de amigos celebrando el primer ataque con gases tóxicos que conocieran los seres humanos. Esa mañana, su padre regresó puntualmente al frente de guerra para organizar un ataque contra los rusos.

Fue incapaz de odiarlo, le fue imposible abandonarlo.

Y de pronto las noches se llenaron de fantasmas. Él posee un gen del cual se vale la muerte para seducir a la inteligencia; él posee un nombre atado para siempre a los infiernos que planean los poderosos, a la insaciable crueldad de la gente. Y necesita vengar a los inocentes que faltan por sufrir.

Por eso, Hermann Haber, el único hijo de Clara Immerwahr y Fritz Haber, sabe que esta noche se quitará la vida.

(4, 133, 163)

Hommelvik, 1948

GRACIAS POR FUMAR

No es la primera vez ni será la última que un clima horrendo sobre la bahía cerca de Hommelvik le dé la bienvenida al *Short Sandringham* que vuela desde Oslo. Nada demasiado singular para el piloto, ciertamente, quien ya ha nivelado lo justo al aparato para que los flotadores pronto comiencen a deslizarse sobre el agua. Y ya casi, ya casi, cuando una ráfaga de viento, brusca e implacable, le arrebata el control, y tan cerca de la superficie, pura espuma blanca sobre el mar plomizo y enfurecido, poco y nada pueda hacer para evitar que el flotador del ala derecha se haga pedazos contra las olas. Hunde el hidroavión su nariz en las aguas luego de rodar de lado, por un buen trecho, el griterío desesperado de cuarenta y cinco pasajeros.

Bertrand Russell, tercer conde de Russell, nieto de un primer ministro de la reina Victoria y del segundo barón de Stanley de Alderley, ahijado de John Stuart Mill, pero sobre todo una de las inteligencias más influyentes del siglo XX, se cuenta entre ellos. Se teme lo peor, porque ya anda por los setenta y seis años, porque las aguas heladas del fiordo entumecen en apenas instantes antes de ahogar. Desde Trondheim, entonces, donde lo esperan para una conferencia, se propaga la noticia y se lamenta de inmediato la desaparición del hombre que, codo a codo con Aristóteles, mayor influencia ha tenido en la lógica y todavía tendrá en la teoría de conjuntos, la inteligencia artificial y la computación.

Quedarán vacías sin remedio muchas almas por culpa de la ausencia inesperada de este paladín del racionalismo, el polemista impar, provocador e irónico, que sin contradicciones ni ridículo se atrevió a dudar de la moralidad de Cristo y la plusvalía marxista, demoler la sexualidad, el trabajo y la educación burgueses, hacer preciosa literatura con temas frecuentemente impenetrables como la filosofía, los átomos y la relatividad. Y se encontrarán desamparados las feministas cuyo derecho al voto Russell defendió, los pacifistas que hicieron suyos sus argumentos contra la Gran Guerra, los que recibieron el aliento de sus convicciones para dirigirse al frente y combatir al fascismo. Al fin perdonarán los exigentes el inmaduro apoyo de Russell a la eugenésica, a este hombre blanco y occidental que, de tan blanco y demasiado occidental, se apuró a excusar el genocidio de los conquistadores.

Los poderosos, en cambio, comienzan a sentirse aliviados, sabiendo que su temprana muerte anula a quien ya viene con ganas de convertirse en el principal enemigo de un orden hipócrita y devastador. Jamás se escribirá el *Manifiesto Russell-Einstein* ni tendrán lugar las Conferencias Pugwash en oposición a las armas nucleares; nunca Russell podrá llamar a la desobediencia civil en el Hyde Park de Londres y ser encarcelado a los ochenta y nueve años de edad durante toda una semana. Ninguna carta será enviada al periódico *The Times* poniendo en duda la historia oficial en torno al asesinato de John F. Kennedy ni el Tribunal Internacional de Crímenes de Guerra sesionará para obligar a abrir los ojos ante las atrocidades de los estadounidenses en Vietnam, las de los franceses en Argelia, el disparate soviético en Checoslovaquia, los horrores de los militares argentinos en la década de los setenta y otra vez los de los estadounidenses en Irak.

Saben los mandamases que su probable muerte trunca una vida que habría terminado siendo ejemplar: la de un hombre pesimista que jamás se atreverá a dejar de luchar. *He vivido en busca de una visión, tanto personal como social. Personal: cuidar lo que es noble, lo que es bello, lo que es amable; permitir momentos de intuición para entregar sabiduría en los tiempos más mundanos. Social: ver en la imaginación la sociedad que debe ser creada, donde los individuos crecen libremente, y donde el odio y la codicia y la envidia mueren porque no hay nada que los sustente. Estas cosas, y el mundo, con todos sus horrores, me han dado fortaleza.*

Poco les dura la alegría. Bertrand Russell, con su pesado abrigo encima, ha conseguido llegar a la orilla nadando. El periodista que lo persigue, ni bien ha alcanzado la playa, quiere saber sobre sus elevados pensamientos filosóficos en medio de ese apuro de muerte: *Me pareció que el agua estaba muy fría*, responde Russell, antes de desplomarse exhausto y aterido. Años después, recordando el incidente, asegurará que fue su hábito de fumar lo que le salvó la vida. Premonitorias resultaron sus palabras al auxiliar de vuelo que buscaba un asiento donde acomodarlo: *Póngame en un asiento en la sección de fumadores porque si no puedo fumar moriré*. El terrible accidente ha cobrado la vida de todos aquellos que se encontraban en la sección de no fumadores.

De madera de brezo teñida de negro es la pipa zulú donde fuma Bertrand Russell todo el día. Si fuera posible, colgaría de su boca incluso cuando come o duerme. Esculpiendo su busto en 1953, Jacob Epstein le solicitará, un poco en broma y demasiado en serio, que de vez en cuando se saque la pipa de la boca para poder ver algo de su rostro.

(47, 92, 101)

Moscú, 1948

LA CIENCIA VERDADERA

La ciencia occidental anuda la soga donde habrá de colgar Trofim Denisovich Lysenko, y alguien dirá que tamaño linchamiento sólo se había visto antes en tiempos de Galileo. Lysenko es presidente de la Academia Lenin de Ciencias Agrícolas de la Unión Soviética desde 1938, nombrado por sus miembros debido a los estudios sistemáticos que realiza sobre vernalización de cereales y luego que un trigo de invierno espigando completamente en primavera llamara la atención del Ministerio de Agricultura. La posibilidad de dos cosechas al año, algo nunca visto. Tampoco a un científico descalzo presidente de alguna academia, un campesino que la revolución rusa de 1917 ha permitido formarse y ponerse al frente de la trasformación agrícola en la que tanto se empeña el camarada Stalin.

Nadie había escuchado de Lysenko fuera de la Unión Soviética, pero el informe que este verano ha presentado ante la Academia, el cual hace referencia a lo acontecido en la biología durante los últimos veinte años, lo pondrá en boca de todos. Porque apoya a los lamarckianos, a la herencia de los caracteres adquiridos y se opone a los neodarwinistas, para quienes Mendel es Dios y son Weismann y Morgan sus profetas; porque Darwin no le crea mayores problemas salvo en lo que se refiere a la selección natural, lo cual, justamente, es casi lo único que se reverencia del sabio inglés. Sin embargo, sostiene Julián Huxley, *los aspectos científicos de la controversia son secundarios con respecto a la cuestión, más importante, de la libertad y unidad de la ciencia*. Y es que lo verdaderamente imperdonable en Lysenko es el sesgo ideológico con que aborda los métodos y fundamentos científicos; y pasándose de la raya, porque ha planteado la necesidad de una ciencia proletaria que confronte la practicada por el gran capital.

Se escuchan los alaridos, dentro de la misma Unión Soviética, de los que abogan por recorrer con muchísima calma los senderos del capitalismo antes de enfrascarse con el socialismo, y que están enfrentados con aquellos que apoyan la colectivización del campo soviético y la rápida industrialización del país. En Occidente, porque tan indecente propuesta fuerza a las ciencias a infringir el voto de castidad que dicen haber jurado ante la política y las ideologías, y porque además tiene el descaro de creer en la existencia de una ciencia diferente a la heredada de la antigua Grecia. Habrá hasta marxistas repugnados con lo insinuado por Lysenko, con la demoledora tesis de que también en los terrenos de la ciencia se libra la lucha de clases.

Charlatán y paranoico, *un genio maléfico de la genética y agrobiología rusas*, un *viejo tarado y demente*, un *hijo de puta*, y pura mierda su obra *La Herencia y su Variabilidad*. Según Huxley, *científicamente sólo se puede describir a Lysenko como un analfabeto*. Un editorial del periódico ABC de Madrid considerará que la producción de conocimiento en la Unión Soviética es *charlatanismo, impostura, curandería y ciencia apócrifa*; y *Los Angeles Times* hará burla en primera página de *la aplicación del marxismo al crecimiento de los tomates*.

No sólo detesta la burguesía que se le disputen hegemonías; también que la pongan en evidencia. Al fin y al cabo, a través de la biología cuela todo tipo de contrabando. Se empeñan los neodarwinistas en desacreditar a Lamarck porque sus alusiones ambientalistas producen una insufrible comezón en los que mandan, sobre todo luego de las experiencias de la Primera Internacional y la Comuna de París. Ya advertía Rudolf Virchow de los riesgos que suponía el naturalista francés para el capitalismo: *¡Figúrense ustedes qué carácter toma ahora esta teoría en la cabeza de un socialista!* En cambio, los postulados basados en la selección natural, la herencia de acuerdo con Mendel y las mutaciones aleatorias, por su carácter individual y localizado, son bienvenidas. Tras lo señalado por el premio Nobel de Medicina Alexis Carrel, más claro ni el agua: *Hoy, la mayor parte de los miembros del proletariado deben su situación a la debilidad hereditaria de sus órganos y de su espíritu*. Puestas en práctica, las leyes de Mendel han servido y servirán para la segregación racial y la limpieza étnica, para el apartheid; y la eugenesia, primer producto de la biotecnología, para que biólogos, médicos y psiquiatras se encarguen de resolver los problemas sociales que el capital no se cansa de producir. En pos del mundo feliz, libre de enfermos mentales y tullidos, pero también de inadaptados a las normas dominantes, son muchos los horrores ya vistos. Y los que quedan por ver.

Con todo, será casi poesía las alabanzas a una ciencia libre de los perniciosos influjos de la política y las ideologías. Pero el Proyecto Manhattan ha empleado a 125.000 científicos mandados por un general, y en los países industrializados, en algún momento, el 70 por ciento de la inversión en ciencia se destinen a proyectos militares, donde trabajará el 30 por ciento de todos los científicos. Un 75 por ciento de la investigación será llevada a cabo por empresas privadas. Tanta libertad marea: en los años cincuenta, hablar de herencia citoplasmática y del papel de la simbiosis en la evolución supondrá *arriesgarse a pasar por lamarckiano, o peor, por un discípulo del soviético Lysenko, es decir, por un comunista*, señalará el biólogo Jan Sapp, a propósito de las observaciones que contradicen a los neodarwinistas, de vieja data e ignoradas a propósito o bajo presión. La burguesía no olvida ni perdona a los provocadores. Será Lysenko el responsable, *por sí sólo*, de la interrupción de la enseñanza y práctica de la genética en la Unión Soviética y, de paso, de la caída en desgracia de las personas que la estudian; de la muerte del genetista Nikolái Vavilov en prisión, quien siendo presidente de la Academia propusiera a Lysenko para formar parte de ella. También lo será del fracaso de la política agraria de Nikita Jrushchov, cuando el país tenga que importar trigo de Estados Unidos; y de la hambruna que se viene, por supuesto, inventada o confundida con la ocurrida durante la guerra civil de los años veinte. Todos contra Lysenko. Al parecer, el declive de la agricultura soviética no estará relacionado con la privatización de sus medios de producción.

Cuando Lysenko deje de ser presidente de la Academia en 1965, la revista *Science* celebrará la pérdida de influencia del materialismo dialéctico en las ciencias soviéticas; de la fuerte tradición agraria, de carácter empírico y fundada alrededor de las ideas de Lamarck; del deseo de una rápida transformación del campo y de la presencia de un dictador poderoso, capaz y deseoso de volcar todos los recursos de su gobierno sobre un proyecto ideológico específico. Y serán alabados Brézhnev y Kosygin por separar cada vez más los principios políticos y económicos del marxismo del materialismo dialéctico, árbitro quisquilloso de los conceptos y métodos científicos. Bienvenida sea la ciencia verdadera, camaradas.

(24, 28, 125, 126)

Londres, 1951

UN NEGOCIO REDONDO

Un puñado de editoriales habrá de recibir de las bibliotecas, clientes de manos atadas, miles de millones de dólares por casi todos los resultados científicos que se publiquen en el planeta. Concentrada la difusión de los saberes para amontonar dinero, enorme será el daño colateral que causen cuando se conviertan en guardianes del prestigio científico, cuando también influyan en el alma de la ciencia misma.

Publish or perish será la consigna dentro de esta antigua ocupación de pronto tan institucionalizada. *La publicación es la expresión de nuestro trabajo. Una buena idea, una conversación o correspondencia, incluso de la persona más brillante del mundo, no cuenta para nada a menos que la haya publicado.* Un tiránico factor de impacto, inventado por el bibliotecario Eugene Garfield, dará cuenta a groso modo de la importancia de artículos y revistas. Será empleado por las editoriales para vender; por las instituciones, para recompensar a los académicos: dependerán del impacto que tengan las publicaciones un buen empleo y el financiamiento para defenderlo, un vertiginoso ascenso o moverse en el escalafón a paso de tortuga; y también la fama, cuando el ego sea enorme.

Para publicar habrá que impresionar a los editores; de ser posible, a quienes manden en las de mayor prestigio. Publicar, entonces, significará investigar aquello que los deslumbre. Poco tendrá que ver la ciencia con escudriñar, comprender y modelar los secretos que guarda el Universo, mucho menos con responder las acuciantes preguntas que para su bienestar se hacen las gentes; y como nadie publicará los errores metodológicos en que incurren los investigadores y los callejones sin salida en que a cada rato se meten, la ciencia habrá de progresar a duras penas. Del sistema, el premio Nobel de Medicina Sydney Brenner opinará que es corrupto.

En varios aspectos. *¿Qué otra industria recibe sus materias primas de sus clientes, hace que esos mismos clientes lleven a cabo el control de calidad de esos materiales y luego les vende los mismos materiales a los clientes a un precio* *muy inflado?* Dos ex- espías británicos que han peleado la última guerra son pioneros del fraude. Paul Rosbaud ha entendido que, a la velocidad con que se desarrolla la ciencia, no serán sus actores los mandados a publicar las muchas revistas que demanden las nuevas áreas de estudio. Robert Maxwell, por su parte, nacido en Checoslovaquia y criado en la pobreza, ha encontrado la oportunidad de calmar la razón de sus desvelos.

Convencido está Maxwell de poder convertir a las revistas científicas en un lucrativo negocio siguiendo la estrategia pensada por Rosbaud. Cobrar y darse el vuelto, si son capaces de adquirir los resultados de las investigaciones sin pagar un penique; y, aunque invirtiendo en quienes escojan aquello que vale la pena publicar, si el proceso de revisión por pares continúa en manos de científicos que por la tarea no cobran absolutamente nada. Entonces, las revistas serán adquiridas por institutos y universidades para que las lean los científicos que elaboran el producto que la editorial vende. *Debería ser un escándalo público*, dirá el biólogo Michael Eisen.

Pero será un negocio redondo. Maxwell reclutará editores en las conferencias de mucha fama que juntan a los mejores científicos, animando los aburridos simposios con lujosas cenas y fiestas, con paseos en veleros y alguna vez hasta con un crucero por las islas griegas. Él sabrá convencerlos con cheques por unos pocos miles de dólares; pero con cifras con las que los académicos ni siquiera se atreven a soñar, harán cola las sociedades científicas para que Maxwell edite los resultados de las investigaciones de sus miembros.

La nueva editorial *Pergamon Press* creará revistas científicas como si de hacer pan se tratara: cien nuevas publicaciones en tan sólo seis años. Negociará con la Academia de Ciencias de la URSS un acuerdo exclusivo para que en inglés se editen todas sus revistas y obtendrá gratis la cesión de los derechos sobre la ciencia japonesa. Cuando Maxwell venda la compañía a su competidor *Elsevier* en 1991, recibirá mil veces lo que acaba de pagar para entrar en el negocio. Por su parte, *Elsevier* llegará a acaparar la cuarta parte del mercado: una mina de oro. El desarrollo de internet, desmintiendo a los optimistas, sólo conseguirá que la cuarta parte de lo producido por las ciencias esté disponible en la red sin necesidad de pagar.

Para ser millonario es que Maxwell está adquiriendo la mayor parte de las acciones de *Butterworths* y *Springer*, la unión que entre estas reconocidas editoriales ha impulsado el gobierno británico para visibilizar los logros científicos del reino.

(20, 140)

Zúrich, 1952

EL EFECTO PAULI

Un insecto volador golpeaba suave pero insistentemente el vidrio de la ventana, reclamando entrar a la habitación en la cual Carl Jung escuchaba atentamente a una joven paciente en un momento difícil de su tratamiento. Era tanto el empeño del bicho, que Jung abrió la ventana y lo cazó al vuelo para examinarlo. Y no podía creer que en su mano tuviera un escarabajo *Cetonia aurata*, y que éste hubiera tenido la urgencia de entrar a la habitación oscura, en contra de sus hábitos naturales, en el preciso momento en que la paciente contaba que había soñado que le regalaban un escarabajo de oro.

Desde observaciones como esta, y teniendo en cuenta los experimentos *gansfeld* y de J. B. Rhine, arrimó Jung el concepto de sincronicidad. *La coincidencia significativa o equivalencia de un estado psíquico con uno físico que no tienen una recíproca relación causal*, al igual que el continuo espacio-tiempo introducido por los físicos, propone un mundo tan irrepresentable que marea.

Un viejo paciente, justamente un famoso físico cuántico, le ha ayudado con los argumentos que tratan de abordar los fenómenos psíquicos que tanto le atraen. Las conversaciones con Wolfgang Ernst Pauli se pierden en los laberintos de los cuantos de energía y de la desintegración del radio, del descubrimiento de la discontinuidad y de la manera como ha vencido a la tiranía de la causalidad; del argumento de correspondencia de Bohr y su conexión con la concepción antigua de la simpatía de todas las cosas, el taoísmo, Hipócrates y los filósofos naturalistas medievales. Mil trescientos sueños ha escuchado Jung de Pauli desde que se conocieran en 1930, y una selección de los primeros cuatrocientos fueron debidamente estudiados para una de las más importantes obras del psiquiatra suizo, *Psicología y Alquimia*. El diligente interés de Pauli por su inconsciente, su fascinación por la intromisión de los procesos conscientes e inconscientes de la mente humana en los fenómenos físicos, han dejado su huella en el pensamiento de Jung; y un libro escrito a dos manos, *La Interpretación de la Naturaleza y la Psique*, que acaba de ser publicado.

Ciertamente, de sincronicidades quiso discutir Pauli desde que sospechara que tenía la suerte o la desgracia de sobrellevarlas él mismo. Efecto Pauli llaman sus colegas a la autodestrucción de cualquier aparato científico o dispositivo mecánico ante la cercanía del famoso físico. Es cierto que tienen fama los científicos teóricos de entrar a un laboratorio y estropear los ensayos de sus pares experimentalistas; pero los fenómenos psico-cinéticos que ocasiona Pauli son de proporciones inesperadas y aterradoras. Atraviesa la ciudad de Berna el tren que lleva a Pauli a su casa en Zúrich, por ejemplo, y en la Universidad, a pocos kilómetros, ocurre una devastadora explosión en el Departamento de Física; o se malogra sin remedio ni razón aparente un sofisticado equipo destinado al estudio de fenómenos atómicos en el laboratorio del profesor Franck, en la Universidad de Gotinga, estando detenido en la estación de la ciudad, por tan sólo un par de minutos, el tren donde viaja Pauli hacia Copenhague. Dicen que fue culpa del Efecto Pauli que el ciclotrón de la Universidad de Princeton se haya incendiado estando él de visita.

Otto Stern, a pesar del mucho afecto que le tiene, le ha prohibido acercarse a su laboratorio.

(57, 66, 85, 86, 114)

Londres, 1953

LA FOTOGRAFÍA 51

Parece estar bastante claro lo que indica el patrón de difracción de la fotografía 51, el de la forma hidratada del ADN. Así que Rosalind Franklin, en su laboratorio del *King's College* de Londres, a finales de febrero, anota en su cuaderno que la estructura de este ácido nucleico, responsable del funcionamiento y desarrollo de todos los organismos vivos conocidos, estaría conformada por dos cadenas helicoidales.

Mientras tanto, en Cambridge, trece meses han pasado y no hay manera de dar con una estructura decente para este polímero. El primer modelo construido por James Watson y Francis Crick ha sido puro desengaño, y todo porque Watson se equivocara al reportar los resultados presentados por Rosalind en un seminario de 1951. De pronto, a mediados de marzo de 1953, se hace la luz en los Laboratorios Cavendish. Bueno, en verdad la trae Maurice Wilkins, colega de Rosalind, y deja que Watson la tenga nomás por un ratito: pero nada como un vistazo a la fotografía 51 para armar, por fin, el rompecabezas. También ayuda, y no poco, que Crick acceda al informe del Consejo de Investigación Médica del *King's College*, donde aparecen los avances de la investigación de Rosalind.

Rosy, por supuesto, no nos dio sus resultados directamente, confesará Watson en su famoso libro *La Doble Hélice*. Mientras viva, y será poco, pues morirá de cáncer en 1958, jamás sabrá Rosalind que sus resultados serán decisivos para arrancarle al ADN sus secretos. Cuando no haya más remedio que hacerlo, su investigación se citará de tal entreverada manera que, hasta el día de hoy, se creerá que sólo corroboró lo descubierto por Watson y Crick.

Rosalind será menos que un fantasma: durante la entrega del premio Nobel de Medicina de 1962, Crick no pronunciará su nombre y Watson, aun cuando su discurso tratará sobre temas en los cuales ella es experta, se las arreglará para no citar alguno de sus muchos e importantes trabajos. Y eso que los tres, luego que Rosalind pida ser trasladada a Birbeck para continuar su carrera, parece que terminarán siendo buenos amigos; tanto como para acompañar a Watson en un largo viaje a través de los Estados Unidos; tan cercanos como para pasar unas vacaciones en España con Crick y su esposa, y también una temporada con ellos en Cambridge mientras convalezca de su enfermedad. Menciona tú a Rosalind, le pedirá Crick a Wilkins, antes de la ceremonia; y él lo hará, aunque brevemente, porque le será imposible olvidar cuánto se detestan.

Watson también la encuentra irritante, así que no ahorrará páginas de su *best-seller*, casi la única versión aceptada sobre la historia del descubrimiento del ADN, para lastimar a esa mujer *beligerante*, incapaz *de controlar sus emociones. Sin lugar a dudas*, apuntará, *Rosy tenía que irse o había que ponerla en su sitio [...] Desafortunadamente, Maurice* [Wilkins] *no vio una manera decente de darle una patada a Rosy.* Y, aprovechando que Rosalind ya no puede defenderse, nos asegurará que ella no podía interpretar adecuadamente sus propios resultados, que no hubiera merecido compartir el premio con ellos, que fue necesario correr a rescatar hallazgo tan importante de una mujer tan problemática.

Y sí, parece que Rosalind lo es. Apasionada y filosa en las discusiones, testaruda y, sobre todo, rabiosamente directa, las palabras como balazos al pecho, sin preámbulos ni disimulos. *Demasiado francesa*, opinan los colegas, recordando su larga estadía en París: en el vestir, en sus certezas, en el temperamento. Demasiado para las ceremonias de la clase media inglesa; inadmisible para el juicioso y católico ambiente del *King's College*. Al fin y al cabo, especialmente allí, en esa universidad, Rosalind Franklin es mujer. A ellas, a las mujeres, se les permite tener aspiraciones mientras no sean iguales a las de los hombres; a sobresalir siempre y cuando no echen sombra sobre sus colegas masculinos. A tener el carácter de Rosalind, apenas desagradable cuando se manifiesta en un hombre, jamás. Prohibido también está subir al salón de fumar y sentarse frente a los grandes ventanales sembrados de arboledas y jardines, buscando un café luego del almuerzo y una buena conversación. Tener opiniones sobre la ciencia, la vida o sobre lo que sea, también es cosa de hombres. Y sólo fuman las putas.

(49, 105, 128, 129)

Wilmslow, 1954

TAL VEZ NO SE TRATE DE SUICIDIO

Todo es muy raro, porque no se ha encontrado ninguna nota. Nadie en la Universidad ni en la familia recuerda, últimamente, un comportamiento afligido, signos de esos tiempos de depresión aparentemente superados. Más bien aseguran que había comenzado a trabajar con bríos renovados y estaba lleno de ideas y proyectos. Además, yace en su cama boca arriba, cubierto hasta el cuello por una sábana pulcra, tirante y sin arrugas, impecables también las almohadas donde descansa su cabeza. Como si la muerte se lo hubiera llevado en medio de un sueño blando y apacible.

Alan Turing fue con la policía para denunciar el robo de su casa, pero debido a ciertas contradicciones en la declaración que levantaron sospechas, terminó siendo acusado de seis cargos por actos de indecencia grave. En Inglaterra, desde 1885, perseguir a un homosexual ha sido más importante que atrapar a un ladrón, y no sólo se le castiga con cárcel, sino también con tratamientos de aversión, simpático nombre que disimula largas sesiones de picana eléctrica y, a medida que ha ido avanzando la ciencia, castración química. Decenas de miles de vidas han sido destruidas por el hecho de ser diferentes, sin contar a los cientos de miles de homosexuales también aniquilados por la necesidad de callar, de cargar con una doble vida llena de miedo y disimulo. Con todo, el abogado de Turing había conseguido su libertad a cambio de doce meses de buena conducta y de inundar su cuerpo con estrógeno para aplacar la libido.

Alan Turing sentó las bases para la revolución informática de finales del siglo XX y el desarrollo de la inteligencia artificial. Pero, sobre todo, Turing había ayudado a hacer pedazos los códigos de la máquina Enigma, empleada para las comunicaciones de la marina nazi. Desde que lo logró, cuando la guerra ya andaba por la mitad, y fue posible conocer las posiciones de los temibles y escurridizos *U-boote*, el tráfico de mercancías y armas en el Atlántico Norte fue mucho más seguro; tanto, que el propio Turing, a finales de 1942, atravesó el océano para ayudar a los estadounidenses en la construcción de las máquinas decodificadoras. Fueron muchas las vidas que salvó la máquina *Bombe* y mucho lo que contribuyó a derrotar a los alemanes, a librarnos del nazismo y del fascismo, aunque fuera nomás por un ratito.

Pero ser héroe de guerra, condecorado con la Orden del Imperio Británico, no ayudó mucho en la situación en que Turing se encontraba. Al contrario: en plena guerra fría, ya Guy Burgess y Donald Maclean, miembros de un círculo de espías conocido como Los Cinco de Cambridge, se han pasado al lado soviético, desatando un escándalo que ha conseguido asociar, en el imaginario popular, la traición con los intelectuales y la homosexualidad. Ellos, los diferentes, son una amenaza para la seguridad de la nación, vocifera el senador estadounidense McCarthy, en la cima de su paroxismo anticomunista. De esa manera, Turing, quien durante el juicio no hizo malabarismos para defender su inclinación sexual, fue a parar a la larguísima lista de personas que debían ser vigiladas muy de cerca por el *MI5* y el *SIS*.

De héroe a villano, así de rápido. Y como si eso fuera poca cosa, Alan Turing, al cumplir con lo dispuesto por la ley, quedó impotente, le crecieron senos y, aunque él aseguraba llevarlo bien, el tratamiento con hormonas también lo hundió en recurrentes periodos de depresión. Un año después, se encuentra muerto en su dormitorio. Una tenue y blanca espuma alrededor de su boca huele a almendras amargas y delgadas lonjas de manzana se encuentran en un plato, sobre la pequeña mesa de noche junto a la cama. Las causas de la muerte están claras: envenenamiento con cianuro. Para las autoridades, el cómo parece que también: Turing se ha suicidado. No echan de menos una nota final ni el pacífico semblante con que yace en su cama les parece raro, a pesar de que la muerte por ingesta de cianuro viene acompañada de vómitos y convulsiones. Tampoco creen que los trozos de manzana deban ser analizados.

De todas maneras, pudo haber muerto accidentalmente, rato después de inhalar el veneno de un baño burbujeante encontrado en un pequeño cuarto contiguo al dormitorio, donde Turing últimamente jugaba con procesos electrolíticos. ¿Por qué no?; todos aseguran que era muy distraído. Sin embargo, está el asunto de sus zapatos, hallados en el pasillo y junto a la puerta, como acostumbra a dejarlos la clase acomodada inglesa cuando quiere que la servidumbre los lustre bien temprano por la mañana. Pero eso era inusual en Turing, insiste su ama de llaves, ante la policía y frente a todo aquel dispuesto a escucharla.

Hay, por lo tanto, una tercera posibilidad, pero son cosas de novelas de espías.

(30, 81, 164)

Pasadena, 1955

SÓLO QUERÍA VISITAR A SUS PADRES

L a maquinaria industrial y militar de los Estados Unidos vende miedo como si se tratara de electrodomésticos, por lo que el terror al prójimo es algo tan propio del *american way of life* como la Coca Cola o los automóviles. Finalizada la Segunda Guerra Mundial, el senador republicano por Wisconsin Joseph McCarthy y el director del *FBI* J. Edgard Hoover son sus mejores vendedores. Dicen tener la vacuna contra el comunismo, pero, en verdad, distribuyen venenos para exterminar al movimiento obrero y el keynesianismo, a los pacifistas, la libertad sexual y los derechos civiles; van contra todo aquel que piense sin permiso y le cueste meterse en la fila de los corderos. Por eso la profesora de arte Luella Mundel será despedida del Universidad Estatal de Fairmont, debido a su *comportamiento femenino no tradicional*.

Desde comienzos de los años cincuenta la caza de brujas es pura histeria. Luego de hacer limpieza en el mundo del espectáculo y las dependencias gubernamentales, es el turno de los intelectuales. No se salvan ni las novelas de detectives de Dashiell Hammett, las cuales son quemadas junto a otros trescientos libros prohibidos y retirados de las bibliotecas nacionales. Serán muchos los años de audiencias y de testimonios en los muchos comités investigando actividades anti-estadounidenses, de colegas sirviendo de testigos para hacer buena letra y salvar el pellejo o con la alevosa intención de hundir a quienes son citados, a todos aquellos que serán servidos a la prensa como los espías rusos número uno en los Estados Unidos. Para regocijo de los inquisidores, demasiados soplones serán camaradas arrepentidos, como Louis Budenz, antiguo editor del *Daily Worker*, el órgano del Partido Comunista. Que alguno de ellos declare que ha recibido del acusado una sonrisa interpretada como cómplice puede ser suficiente para adivinar la culpa y garantizar la condena.

La fama de los citados o el prestigio de quienes se atreven a atestiguar a favor salva de la cárcel a unos cuantos, como al sinólogo Owen Lattimore y al físico Edward Condon, al sociólogo William Du Bois y al astrónomo Harlow Shapley. En algunos casos, las universidades apenas si se atreven a castigarlos con permisos remunerados indefinidos, aunque, pasada la tormenta, se cuiden muy bien de devolverles sus puestos. La mayoría no tienen esa suerte: *take the fifth*, protegerse tras la enmienda constitucional que da el derecho a no atestiguar contra uno mismo, es una carta de despido casi segura; muchas veces llega al buzón mientras el sospechoso está aún declarando. Las audiencias no sólo cuestan el empleo: la esposa del profesor de literatura inglesa Edwin Burgum, comunista y activista sindical acusado de adoctrinar a sus estudiantes, se derrumbará ante las presiones y no conseguirá hallar paz sino quitándose la vida. El físico David Bohm, para poder seguir trabajando, fue obligado a exiliarse; y uno no sabe, realmente, qué es peor.

Temerosas por sus presupuestos, las autoridades universitarias se esmeran con los mandados. Reinterpretando la vida universitaria, el derecho a la libertad académica sólo protegerá al claustro mientras piense, más no cuando actúe: hasta la Asociación Americana de Profesores Universitarios se opone al derecho de sus miembros a pertenecer al Partido Comunista. La Universidad de California ha ido más lejos y, desde 1949, exige al profesorado un juramento de lealtad. Como respuesta, en 1951 el Departamento de Física quedó vacío. La Sociedad Americana de Química suele consultar con el Departamento de Estado los antecedentes de los candidatos extranjeros, si bien no hizo falta acudir al agregado cultural en París para negarle la membrecía a Irene Curie, premio Nobel de Física y Química, ya que no era un secreto su matrimonio con Fréderic Joliot, también premio Nobel de Química, pero muy rojo, dirigente de la resistencia francesa y presidente del Frente Nacional. Cuanto más pequeña es la universidad, más rápido dobla el espinazo en presencia de los poderosos. Con todo, aunque las universidades de Harvard y Yale defiendan a sus profesores ante un ataque público, se deshacen de ellos cuando las acusaciones son privadas, es decir, cada vez que el *FBI* arrima sin disimulo nuevos nombres a una lista interminable.

Pero Qian Xuesen andaba en otras cosas, si bien con los dolores de cabeza que daba Linus Pauling en *Caltech* era imposible no estar enterado de lo que sucedía. De todas maneras, era mucho el trabajo como director del Laboratorio de Propulsión a Chorro y demasiadas las reuniones con los militares para presentar avances de los proyectos en vuelos supersónicos. Además, estaba el viaje a China con Jiang y los pequeños, porque parece que sus padres estaban bastante enfermos, porque había que visitar a la suegra y ver cómo le iba después del triunfo de Mao, con la familia de Jiang tan próxima al Kuomintang.

—Dos o tres meses, dependiendo de la salud de los viejos.

Le dijo Qian a DuBridge, quien, a su vez, informa al Subsecretario de Marina Dan Kimball.

—Con lo que sabe, no puede irse.

Sentenció Kimball; y vaya uno a adivinar de cuál de los tantos fervorosos patriotas fue la idea de impedir que Qian viajara y acusarlo de comunista; de encerrarlo en un centro de detenciones en San Pedro, imponerle cinco años de libertad bajo palabra y prohibirle investigar en su área porque todo allí era clasificado y ultra-secreto.

Bueno, ciertamente obtuvieron un comunista muy ardiente como resultado, opinan los colegas. Y Qian Xuesen, el padre de la cohetería china, mientras hace maletas para regresar a su país natal y jamás volver a pisar los Estados Unidos, encuentra finalmente esa vieja fotografía, la cual observa por un buen rato, entre el desconsuelo y el asco, antes de hacerla trizas. La foto en la que aparece vistiendo el uniforme de coronel asimilado del ejército de los Estados Unidos, esa que alguna vez quiso mostrar a su padre con orgullo.

(38, 64, 80, 150)

París, 1957

PRESENTE

Está repleta esa pequeña sala en La Sorbona, aunque no todos allí son profesores o estudiantes de matemáticas que puedan entender de lo que tratará la tesis que René de Possel, profesor de la Facultad de Ciencias en Argelia y miembro fundador del grupo Bourbaki, está a punto de defender. Poco importa, la verdad, porque los muchos activistas en la lucha contra la guerra en Argelia que se han juntado no están realmente interesados en las propiedades de los espacios vectoriales, sino en mostrar el enorme afecto y la tenaz solidaridad que el verdadero autor del trabajo merece, en cuyo nombre expone Possel.

Tampoco hará falta haberlas comprendido para romper a aplaudir ni bien Jean Favard, presidente del jurado que en un recinto aparte deliberará de manera sincera, anuncie la aprobación de la tesis con la mención honorífica que su originalidad y el prolijo teorema del capítulo cinco se habrán ganado. A pesar de los errores que han de persistir en el texto final si, como se teme, estos jamás tendrán la oportunidad de ser corregidos.

Porque mientras Possel se dispone a presentar la tesis, su autor, Maurice Audin, ya lleva seis meses desaparecido. Desde que un comando de paracaidistas franceses irrumpiera en plena noche en su casa y se lo llevara para interrogarlo, esperando del camarada muy comprometido con la lucha de independencia la información necesaria para dar con el paradero de los líderes del Partido Comunista Argelino que participan en las acciones que lleva a cabo el Frente de Liberación Nacional.

Audin es apenas uno más. Tres mil ciudadanos han desaparecido en Argelia durante este año que casi culmina. Y la respuesta francesa a la estrategia de terror ejecutada por el FLN, la cual muchas veces tampoco reconoce límites morales, no ha hecho sino comenzar. Desapariciones, bombardeo de aldeas, toma y fusilamiento de rehenes: cuando acabe en

1962, la guerra habrá matado a 500.000 argelinos y 50.000 franceses, torturado a más de un millón de argelinos y encerrado a otro millón y medio en campos de reagrupamiento donde el hacinamiento matará a un niño por día. Puesto que no quiere otro papelón como el que acaba de hacer en Indochina, lo que ha mermado la poca gloria obtenida con su accesoria participación en la liberación de Francia en 1944, el ejército francés, día tras día, horror tras horror, consigue que la independencia de Argelia sea imparable, y la caída de la IV República también.

Insisten las autoridades en afirmar que Audin está vivo; que no lo alcanzó la bala del sargento Misiri luego que, aprovechando una curva apretada, saltara de la parte trasera del jeep que lo conducía al centro de detenciones de El Biar. Hasta un testigo tienen: el doctor Jean Mairesse incluso podría declarar que se unió a la persecución del fugitivo por los estrechos callejones del vecindario, con otros dos civiles y los paracaidistas que acudieron tras sonar el disparo. Amargas han sido las noches de Josette Audin luego de haber recibido tan buena noticia, convencida desde entonces de la suerte de su marido. Sin embargo, con sus tres hijos a cuestas, todos bebés, se empeña en que la verdad sea confesada, para lo cual cuenta con la ayuda del comité que rápidamente el historiador Pierre Vidal-Naquet y el matemático Laurent Schwartz han ayudado a organizar. Vidal-Naquet, en su libro *El Caso Audin*, pronto demostrará que aquella fuga ha sido puro espectáculo, una puesta en escena tan bien montada que hasta el sargento Misiri, por descuidado, recibió quince días de arresto. Contra toda esperanza, también concluirá lo peor: que Maurice Audin está muerto, asesinado por sus captores en medio de una atroz sesión de tortura.

Es duro, Henri. En papel higiénico escribe el periodista Henri Alleg la frase que apenas ha podido escuchar de ese hombre roto que es Audin en el breve encuentro que permiten los verdugos. Y en su libro *La Cuestión* describirá las descargas eléctricas que él mismo recibe en la boca y en los oídos, en el pecho y en el pene; el pánico que irrumpe mientras le aplican el submarino, el aullido que le arranca cada brasa encendida de un cigarrillo aplastada en su cuerpo; las noches tirado en el frío concreto lleno de mierda y orina, sobre un colchón relleno con alambre de púa.

Dirá el general de Gaulle que el culpable del asesinato de Audin debería sufrir una enérgica sentencia a trabajos forzados. En cambio, porque los tribunales no habrán de permitirlo, dando por cierta la versión de la fuga, el teniente Charbonnier se jubilará como coronel y comandante de la Legión de Honor. Tardará sesenta y un años el gobierno francés en admitir que Audin ha sido víctima de un sistema legalmente empleado en Argelia. Pero en ausencia de los miles de cuerpos sin lápida ni funeral, mientras no tengan juicio los asesinos, habrán de vivir los deudos con una herida cuyo dolor jamás tendrá fin.

Maurice Audin est-il présent? Dando inicio a la exposición de la tesis, la pregunta de Favard estremece al auditorio. A Laurent Schwartz se le ocurre exagerada. Lo desmiente el espeso silencio que arropa al auditorio cuando adivina, de repente, la espantosa e inesperada realidad.

(44, 123, 156, 172)

Ciudad del Cabo, 1967

EL JARDINERO SONRIENTE

P uede leerse en los archivos de la Escuela de Medicina de la Universidad de Ciudad del Cabo que Hamilton Naki se encarga de cortar la grama de los jardines y de cuidar las canchas de tenis. Debe ser así, porque al pie de la foto donde aparecerá junto a Christiaan Barnard y su equipo, piel oscura rodeada de médicos y enfermeras de batas y rostros blanquísimos, se le identificará como un jardinero sonriente. Mire usted, un colado, se habrá de pensar cuando haya que titular la fotografía.

Pero alguien, tiempo atrás, había decidido que Naki dejara de regar flores para limpiar jaulas de animales; quizás el mismo que de pronto advirtió su inteligencia y sugirió que ayudara a Barnard en los trasplantes que practicaba con conejos, perros y pollos. Este hombre nacido negro en Sudáfrica y, como manda la costumbre, pobre, tiene mucho que ver con el éxito del primer trasplante de corazón en seres humanos. En el quirófano, durante la célebre jornada, ha asombrado con sus técnicas quirúrgicas para unir vasos sanguíneos con precisión y delicadeza. Todos allí se han preguntado cómo tanta habilidad es posible sin jamás haber pisado un aula de una facultad de medicina. *Yo robo con mis ojos*, responde siempre Naki. Es bien sabido que, de acuerdo con los blancos, los negros no sirven sino para ser proxenetas o ladrones cuando no son esclavos.

La participación de Naki en la operación de cuarenta y ocho horas, sin embargo, no ha tenido lugar. Él, fuera del diminuto círculo de investigadores que está al tanto de su trabajo, sencillamente no existe. Es mejor así, piensan todos los que han jurado callar; es preferible no empañar la fama con el escándalo: las leyes sudafricanas, además de impedir que los negros reciban entrenamiento médico, prohíben su presencia en quirófanos solo para blancos, no vaya a ocurrir que contaminen la sangre de la raza superior. Vamos a ir todos presos, habrá pensado el anestesista, desencajando la quijada al ver el corazón del donante en las manos de Naki. Casi clandestino es, también, el entrenamiento que reciben de él los médicos principiantes de la universidad. De todas maneras, Naki parece cómodo siendo invisible, agachando la cabeza y manteniendo la boca cerrada.

Tendrán que pasar casi treinta y cinco años para que Barnard, con la muerte pisándole los talones, se acuerde públicamente de Naki, *uno de los grandes investigadores de todos los tiempos en el área*. El gobierno sudafricano, con el alma todavía blanca a pesar de la caída el régimen racista, habrá de esperar un poco más para otorgarle la Orden de Mapungubwe. No obstante, de las tres medallas que la distinción confiera, parece que sólo merecerá la de bronce.

Con 76 años, Hamilton Naki seguirá ocupando la misma destartalada barraca de una sola habitación donde ha vivido siempre. Jamás ha sabido ni tiene esperanzas de saber lo que es disfrutar de electricidad y agua potable. En ella, asediado por la miseria, habrá criado cuatro hijos, a los cuales no podrá dar educación. Y sobrevivirá con la jubilación obtenida por haber sido jardinero en la Universidad de Ciudad del Cabo.

(33, 60, 87)

En algún cuartel del Uruguay, 1977

LA LOCURA QUE SALVA, EL OLVIDO QUE PROTEGE

Para alias Andrés, porque estas cosas no le son ajenas.

Henry Engler descubrió, ni bien comenzado su cautiverio, que la colosal empresa de resistir demandaría, necesariamente, la voluntad de no pensar. Por eso hace cuatro años que madruga para introducir, en el pequeño círculo que imagina contra el muro de su celda, todos los pensamientos de los que es capaz.

Han ido a parar allí los nombres y los rostros llenos de ternura, los colores de las voces entrañables, la casa de Durazno con sus padres, un atardecer al final de una persistente llanura, algunas frases de libros que jamás quiso olvidar; todo aquello por lo cual Engler es Engler devorado por el círculo frente al cual se concentra, siempre de pie y sin faltar un solo día, hasta que la noche borra las sombras y hace incierta su presencia; hasta saber que podrá descansar sin necesidad de sueños, de preocuparse por alguna traición urdida sin querer desde su mente.

Dentro del círculo sus recuerdos están a salvo de los asesinos, de los largos y brutales interrogatorios que antes fueron reales, los que ahora Engler imagina. Incluso han quedado fuera del alcance de las voces que en su cabeza preguntan y opinan sin dar tregua, aunque a veces sean útiles para advertir amenazas y anunciar dificultades. Se toca la herida en la pierna dejada por el balazo que recibió cuando fue apresado: él jura que en el hospital militar la *CIA* le colocó un implante. Tal vez fueron los extraterrestres. De todas maneras, el círculo ha conseguido anularlo y un amigo, un compañero de lucha, alguien demasiado querido está ahora fuera de peligro. En el círculo también ha quedado el dolor, porque pensar además duele.

Después de tanto tiempo son pocos los pensamientos que merecen ser pensados. A veces pasan semanas y él ni siquiera es capaz de reconocerse extraviado en esa ausencia blanca y espesa, apenas prisionero en el cuerpo que permanece de pie frente al círculo que sólo existe para él; máquina rota y sin alma sangrando por las uñas de los pies hinchados, mantenida con dos galletas diarias, algunas cucharadas de leche en polvo y nada, nada de agua. Está loco, opina una junta médica; estoy loco, sospecha Engler, aunque se niegue a firmar el informe médico.

Henry Engler es uno de los nueve miembros varones del MLN-Tupamaros que, separados en grupos de tres y yendo sin descanso de cuartel en cuartel, enterrados en celdas donde se acumulan vómitos y diarreas y se libra una batalla sin tregua por un poquito de aire limpio, sirven de rehenes a los militares uruguayos desde septiembre de 1973. Cada uno de ellos permanece aislado y obligado a guardar silencio, por lo que serán lentos los años que quedan de tortura sistemática. Once mujeres, también guerrilleras, correrán la misma suerte hasta 1976.

Una voz desde muy adentro llama todo el tiempo a sobrevivir. Peliaguda ha sido la empresa: engañar al hambre y a la sed con bichos y orines, soportar sin quejas dos años largos con las manos siempre, siempre atadas a la espalda; rechazar los consejos del desánimo, sobreponerse al intento de un compañero por buscar la muerte empleando sus propias manos. Con todo, de cuando en cuando aparece una moneda de sol contra el muro de la celda y su menudo brillo y pobre calor se reciben con inesperado optimismo. Y alguien se las arregla para escribir mensajes usando una gota de sangre en la punta de un alfiler o inventa un alfabeto para conversar con golpes en la pared; alguien fantasea con un gallo locuaz aunque a veces impertinente, otro contempla la paciente existencia de una araña y consigue huir de tantas horas miserables. Un compañero protege con su vida el milagro de una bacinilla rosada.

A veces se rebelan y se niegan a afeitarse o se agarran a trompadas con los soldados; para ser reconocidos entre los vivos, tres esqueletos famélicos amenazan por escrito con una huelga de hambre. Los carceleros no entienden de dónde obtiene esa gente tanta entereza.

Engler cree que el cerebro humano es la máxima perfección a la que puede aspirar la Naturaleza y, por lo tanto, el propósito del Universo. Así que cuando recupere su libertad y acepte el refugio que le ofrecerá Suecia, retomará sus estudios de medicina y se especializará en neurología. Su trabajo en el área será reconocido, específicamente aquel que tendrá que ver con la tomografía por emisión de positrones, con el desarrollo de técnicas que permitirán detectar tumores, obtener imágenes médicas de la enfermedad de Alzheimer y también estudiar grupos de células que, en el cerebro, podrían ayudar a desentrañar sus misterios.

Quizás saber dónde se alojan el amor y el egoísmo, la alegría y el desconsuelo; en dónde se defiende la esperanza o en qué parte del cerebro crece la indestructible voluntad que ordena a la vida resistir y no rendirse a los verdugos.

(27, 148, 149)

Turín, 1987

SÓLO QUEDA EL ABISMO

Una sola pesadilla lo persigue desde aquellas largas y aterradoras noches en Auschwitz. En el sueño, invariablemente, sigue estando prisionero, pero a la alambrada plagada de púas se ha acercado su hermana junto con varios rostros borrosos, aunque tiene la certeza de que todos son amigos. Es mucha, mucha gente la que termina juntándose, y él está feliz de que lo hayan hecho en su antigua casa, inesperada la alegría de reconocerla, desde su encierro, en tantos pequeños detalles llenos de nostalgias. A veces se reúnen en el café de la otra cuadra, pero la sensación es la misma, el mismo regocijo por la gente que ve pasar, por los canteros llenos de flores o las aceras brillantes de lluvia, por la ciudad apurando sus ritos cotidianos. Todos están allí y él aprovecha para contarles acerca de la vida en el *Lager*, describirles minuciosamente el hambre y la revisión de los piojos, al *Kappo* repartiendo sopapos y patadas, que sepan que es peor cuando es judío porque tiene miedo a perder el puesto. A veces trata de hacerles entender la indiferencia frente a la fortuna de no ser escogidos, en cualquier ronda de un día cualquiera, tenazmente idéntico al siguiente y al anterior, para salir de allí por una chimenea. Y en eso está cuando de pronto llega esa inmensa tristeza a apretarle el pecho, una angustia dolorosamente genuina e inconsolable. Es que todos hablan entre sí de cuestiones insignificantes, de sucesos vanos, y su relato urgente y necesitado acaba extraviándose en medio de tanta indiferencia. Nadie lo escucha, nadie repara en las huellas de ese sufrimiento que no es sólo suyo. Como siempre, se obliga a despertar cuando su hermana lo mira, se pone de pie y se marcha sin decir palabra. Al abrir por fin los ojos, le cuesta demasiado entender que no pertenece al campo de concentración la oscuridad que lo rodea.

Primo Levi, doctor en química de origen judío, sobrevivió a aquel larguísimo año de 1944 en Auschwitz sólo porque necesitaba dar su testimonio. En 1977, dejó su puesto en una fábrica de pinturas de Turín para poder escribir a tiempo completo sobre aquel horror, y se dedicó a visitar liceos y conversar con los jóvenes, empeñado como andaba en procurar que la memoria no quedara de pronto desierta. Pero, últimamente, sólo cree que ha fracasado, tal vez porque siente que ya no tiene más nada que decir, quizás porque, como en la pesadilla, nadie le presta atención. No, no es eso, sabe Levi, mientras inclina su cuerpo sobre la baranda y se asoma al hueco de las escaleras, poco profundo pero demasiado silencioso.

A Levi le atormenta la idea de que aquella máquina de muerte se encuentre intacta; que, luego de la guerra, haya permanecido oculta durante un tiempo, mudado de piel, tomado un aspecto más respetable, pero siga entre nosotros triturando gente. Y como en los recuerdos de Levi, desde las notas que tomara adentro, arriesgando la vida, también acá afuera sean los delincuentes los que se encargan de vigilar a los inocentes, que sobrevivan los peores, los egoístas y los insensibles, los violentos y los espías, aquel que sabe *a quién necesita corromper, a quién necesita evitar, de quién se puede compadecer y a quién debe resistir*. Incluso su pueblo tiene ahora vocación de verdugo. *Toda persona es el judío de alguien, y, hoy en día, los palestinos son los judíos de los israelíes*, dijo Levi durante una entrevista, poco después de condenar, junto con otros intelectuales judíos, la invasión de Israel al Líbano en 1982 y exigir que se reconocieran los derechos de toda la gente de la región.

Llegar a admitir que quienes planearon y ejecutaron todas las matanzas en todos los campos de concentración que fueron sembrados por Europa finalmente han convertido al mundo entero en un enorme y permanente Auschwitz, es simplemente insoportable; seguir siendo testigo del mismo aniquilamiento termina vaciando su propia experiencia de todo sentido. De pronto, Levi recuerda un partido de fútbol, junto a los hornos crematorios del campo de concentración, entre oficiales de la SS y miembros de un *Sonderkomando*, judíos encargados de conducir a los suyos a las cámaras de gas, de extraer luego las calzas de oro de las dentaduras, de quemar los cadáveres y disponer de las cenizas. Cuando los torturados se permiten un gesto de camaradería con quienes los torturan, cuando las víctimas se someten a sus victimarios procurando una falsa sensación de seguridad, la máquina de muerte ha conseguido su objetivo. La máquina de muerte ha vencido.

Primo Levi inclina su cuerpo sobre la baranda un poco más y estira un brazo para que lo toque el abismo que lo convoca. Afuera queda la primavera con su revoloteo de trinos entre las ramas donde crecen nuevamente los colores, con su brisa haragana que entibia los rostros agradecidos por un sol cada vez más amarillo, cada día más alto en el cielo. Trepa la risa breve de un niño hasta la ventana cuando Levi se deja caer al vacío.

(98, 99, 135, 141, 179)

Ciudad del Vaticano, 1992

GALILEO REHABILITADO

El conflicto entre Galileo Galilei y la Iglesia es cosa del pasado, anuncia el Papa Juan Pablo II, en francés, en acto solemne ante los miembros de la Pontificia Academia de las Ciencias y tras la presentación del informe final de la comisión por él creada once años atrás. Creen los distraídos, acaso por el impreciso lenguaje que emplea el Vaticano, tal vez porque la prensa se hace eco de la noticia con poco sentido crítico, que el sabio toscano ha sido rehabilitado y su condena invalidada.

Pero la comisión, con todo el tiempo que tuvo, ni siquiera se tomó el trabajo de revisar el proceso contra Galileo ni tampoco creyó pertinente que su informe final incluyera algo parecido a una disculpa ante el mundo por el daño causado, tanto al científico como a la ciencia moderna y a la italiana en particular. Ciertamente, lo que la Iglesia apenas ha concedido es *un cualificado reconocimiento formal de error, consistente en declarar que los jueces de la Inquisición se equivocaron en 1633, al no haber sabido distinguir entre los dogmas de la fe y las afirmaciones de la cosmología geocéntrica.* Los demás yerros fueron de Galileo, insinuará Juan Pablo II, un año más tarde, porque éste, a diferencia de Copérnico, quien *tuvo la prudencia del investigador al que falta aún la prueba decisiva de sus tesis*, quiso provocar la reacción de la Iglesia desde el momento en que defendió la teoría copernicana como doctrina verdadera y no como simple hipótesis. Como si la de Ptolomeo, sostenida con tanta pasión por ella, alguna vez hubiera conseguido una prueba que la confirmara. En todo caso, no hará el Santo Padre más que apoyarse en los que sostienen que, además de tener mal carácter, Galileo era un científico bastante desprolijo.

Han transcurrido más de trescientos cincuenta años desde el célebre proceso contra Galileo y la Iglesia sigue sin encontrar la forma de echarlo al olvido. *La historia es tozuda y los muertos no se callan*, por lo que este intento no será el último al que, por enmendar la plana de mala manera, se le venga un aluvión de críticas encima. Tampoco ha sido el primero. Tres décadas atrás, el Vaticano permitió la falsificación de una obra que sobre la vida y obra del famoso toscano había escrito un erudito, serio y honesto, hacía poco fallecido. El libro que monseñor Paschini concluyó en 1944, sugerido por el Papa Pío XII y a solicitud de la Pontificia Academia de las Ciencias, no había sido publicado porque esta y el Santo Oficio, al ver en él una apología de Galileo, lo consideraron inoportuno. Al fin y al cabo, la obra encomendada a Paschini buscaba la *eficaz demostración de que la Iglesia no persiguió a Galileo, sino que lo ayudó generosamente en sus estudios.* Cuando al fin esta fue publicada en 1964, como muestra de reconciliación de la Iglesia con el mundo moderno, en el marco del Concilio Vaticano II, el jesuita belga Edmond Lamalle, encargado de revisarla, había introducido en ella más de cien modificaciones, muchas de las cuales alteraron las conclusiones de Paschini en lo concerniente a las condenas de 1616 y 1633 y a la responsabilidad de los jesuitas en la persecución de Galileo. Curiosamente, por aquellos meses en que el falseado libro de Paschini era denunciado, Juan Pablo II lo citaba para anunciar la creación de la comisión para la mentida rehabilitación de Galileo; y ha vuelto a mencionarlo durante el discurso que ha pronunciado tras la presentación de su informe final. Hasta los muy católicos se preguntan cómo es posible que el Santo Padre no sepa que alude a una versión deshonesta y traidora.

Además de reaccionarios, así de toscos son los anticuerpos que se activan en el seno de la Iglesia cada vez que un sector minúsculo y progresista de la curia propone quehaceres diferentes para un mundo secular impregnado sin remedio por la ciencia y la tecnología. Y lo seguirán siendo mientras se empeñe en negar la enconada disputa que con la ciencia moderna ha mantenido desde el siglo XVII, y no admita que, de la manera como lo ha llevado, el diálogo con esta es imposible. Hasta entonces, y aunque consiga la Iglesia engavetar su caso durante otros cuatrocientos años, seguirá dando Galileo enormes dolores de cabeza. El penúltimo, en 2008, cuando el proyecto de una estatua de Galileo en los jardines vaticanos, de mármol y de tamaño natural, sea anunciado, con bombos y platillos, como *nueva prueba de que la Iglesia no tiene nada en contra de la ciencia.* Ese proyecto que un año después será cancelado mientras el Papa Benedicto XVI polemiza con Darwin y la teoría del Big Bang.

(7, 8, 11, 15)

Moscú, 2006

LA INMOLACIÓN DE GRIGORI PERELMÁN

Los medios de comunicación lo muestran como un tipo solitario e intratable viviendo con su madre en un pequeño apartamento de un viejo y deprimente bloque de edificios de los suburbios de Moscú, de la época soviética, lo que para el imaginario occidental es poco menos que una pocilga. Peor, lo retratan como un indigente: pantalones gastados y cazadora andrajosa, cabellos largos y llenos de rulos sin peinar, barba poblada y desatendida, y unas uñas inapropiadamente largas que, dicen, no pueden estar sino sucias. También aseguran que viajeros del Metro de San Petersburgo se han acercado a darle limosna. Pero hay fotografías de él, hasta de traje y corbata, en las cuales destaca una mirada limpia y honesta y una sonrisa igualmente franca que invita a confiar. Las de un loco, probablemente.

Grigori Perelmán acaba de rechazar la Medalla Fields, recompensa con la cual todo matemático sueña; y dentro de poco también declinará recibir el millón de dólares que el Instituto Clay de Matemáticas debe entregarle por haber convertido en teorema la conjetura de Poincaré, demostrándola para un hiperesfera que llevaba un siglo siendo esquiva. Tanta audacia sólo puede ser digerida por la gente a través de un relato apropiado: la del científico de mente pura que hace ciencia y no se preocupa por otra cosa. *Todo lo demás es debilidad humana. Aceptar premios es mostrar debilidad.* Hasta un libro será escrito tratando de armar el rompecabezas, donde los motivos de Perelmán habrán de aludir a un síndrome de Asperger, un ego formidable, una ética inconmovible. Él mismo alienta el mito: *Es completamente irrelevante para mí* [la Medalla Fields]. *Cualquiera entiende que si la prueba es correcta no se necesita ningún otro reconocimiento.*

Pero es tan sólo un tipo raro con un talento desbordante, a quien la realidad se le antoja aburrida. Jorge Luis Borges buscó refugio en las bibliotecas y hasta se inventó una ideal para él, convencido que allá afuera, en la calle, la vida era impracticable. Perelmán hubiera deseado hallar en lo cotidiano las reglas severas de una sola verdad; el placer y algo muy parecido a la felicidad dentro de cada paso imaginado en la búsqueda, como los que guardan los desafíos matemáticos que enfrenta. No los ha encontrado mandando ni siquiera entre colegas, y una cuarentena, acaso interminable, es su respuesta ante esa impensada deshonestidad. Su inmolación incluye la renuncia al Instituto de Matemáticas Steklov, el abandono de su profesión y asegura que también de la disciplina. Un lujo que sólo los genios son capaces de darse.

Esta historia, por supuesto, precisa de un villano. El ganador de la Medalla Fields de 1982 Shing-Tung Yau, profesor de Harvard y director de institutos dedicados a las matemáticas en Beijing y Hong Kong, ha reclamado el crédito por la primera demostración completa de la conjetura de Poincaré para sus discípulos Xi-Ping Zhu y Huai-Dong Cao. Como la demostración ha sido posible gracias al trabajo realizado durante veinticinco años por Richard Hamilton, Yau no ha dudado en otorgarle el 50 por ciento de los honores. Para orgullo del pueblo chino, sus alumnos merecen el 30 por ciento. El crédito restante, ha aclarado Yau, ha de llevárselo Perelmán, en cuyo trabajo, no obstante, *aunque formidable, se esbozan o resumen muchas ideas claves para la demostración, y a menudo faltan detalles completos*. A conciencia o no, Yau ha confundido un yerro verdadero en la argumentación de Perelmán con meros problemas de estilo. Ya le había ocurrido antes con una conjetura esencial para la teoría de cuerdas, para la cual no supo identificar aunque fuera sólo uno de los errores invocados en aquella presentada antes por el joven geómetra Alexander Givental. Al igual que entonces, un grupo independiente de matemáticos, esta vez a solicitud del Instituto Clay, ha concluido que la demostración de Perelmán es cabal, por lo que ninguna novedad puede reclamar Yau si sólo ha corregido atajos y abreviaturas.

Un artículo publicado en *The New Yorker*, quizás el único reportaje donde la voz de Perelmán puede ser escuchada, hace énfasis en la desmedida ambición de Shing-Tung Yau, devastadora para quien invada su territorio y desafíe su autoridad. Y a través de opiniones de otros famosos matemáticos, invita a identificar en la conducta de Yau una violación de una ética esencial y a preocuparse por el daño que causa a la integridad de la profesión. Agregan, además, que *la política, el poder y el control no tienen un papel legítimo* entre los matemáticos; como si eso fuera posible, en Estados Unidos y en China. Paranoia aparte, capaz que para allá van los tiros: hacia la confrontación de un Occidente impoluto con una China que es imparable por maliciosa.

En todo caso, el sacrificio de Grigori Perelmán es inútil, ya que su aislamiento ni siquiera estorba en un mundo gestionado como si de una compañía de responsabilidad limitada se tratara. *La economía es el método: el objetivo es cambiar el alma*. La ciencia no escapa a esta lógica, quedando reducida a un mercado de ideas. Es lo que denuncia Perelmán a través de sus decisiones, a su manera, y que el sistema rápidamente disimula tras un estereotipo, advirtiendo que las osadías sólo vienen en envases muy particulares.

Imposible que Perelmán no se convierta, aunque se empeñe en evitarlo, en un fenómeno de feria, porque la historia vende y tiene su obsolescencia programada.

(42, 119, 137)

Nuevo Brunswick, 2018
UNA INDUSTRIA EN CRECIMIENTO

La compañía *Johnson & Johnson* intenta por todos los medios apagar el incendio ocasionado por una investigación de *Reuters*, la cual revela que la empresa ha sabido durante décadas de la presencia de asbestos causantes de cáncer en su famoso talco para bebés. Rápidamente, en un aviso a página completa publicado en los principales periódicos de Estados Unidos, la compañía ha asegurado tener evidencias científicas de que su talco es inofensivo y hasta beneficioso. Pero el reportaje de *Reuters* señala, entre muchas cosas, que *Johnson & Johnson*, para proteger su producto estrella en la década de los setenta, pagó por un estudio sobre la incidencia de enfermedades pulmonares en mineros del talco italianos, aclarándole a los investigadores los resultados que debían obtener. También contrató a un científico fantasma para que redactara el artículo que luego publicaría una revista médica.

Una industria en crecimiento. Ya lo decía la revista *Science* en 1991, seguramente alarmada por el montón de conferencias programadas para discutir el fraude en la ciencia. El plagio es, por mucho, la manera de hacer trampa más extendida. Por distracción o pereza puede que se empleen textos de terceros sin citar la autoría. A veces se va un poco más allá y los evaluadores roban ideas de los proyectos que buscan financiamiento y de artículos que quieren ser publicados. Es todo un escándalo cuando, de paso, propuestas y trabajos son rechazados.

La proporción, en verdad, luce pequeña: en Estados Unidos, para una encuesta realizada en 2007, cincuenta científicos entre poco más de 3.000 admitieron haber cometido algún tipo de fraude durante sus investigaciones. En otros países a la cabeza de las ciencias para entonces, como Alemania, Japón y Reino Unido, el resultado fue más o menos el mismo. Aun así, lo malo del dolo científico es que puede llegar a ser letal.

Muchos pacientes muertos costó el resumen que Robert Gallo redactara para un trabajo sobre el virus del SIDA que le enviara Montagnier, sembrando la falsa idea de que el virus descubierto por el virólogo francés era de la misma naturaleza que aquel encontrado antes por él. Durante ocho largos años, los ensayos clínicos diseñados buscaron el virus equivocado. Incluso tras admitir que el de Montagnier era el causante de la enfermedad, la primicia siguió siendo reclamada por Gallo, sin duda pensando en el premio Nobel y en derechos de patentes, pero renunció a ella apurado por las investigaciones que realizara la Oficina de Integridad Científica del Instituto Nacional de Salud y del Congreso de los Estados Unidos.

Jon Sudbø se inventó casi 900 pacientes para un estudio de cáncer y Jan Hendrik Schön mintió sobre las propiedades electrónicas de nuevos materiales en al menos dieciséis publicaciones. Tanto apreciaba Amitov Hajra a Francis Collins que inventó y falsificó resultados para que el famoso genetista comprobara la imposible teoría que le cautivaba. Hay científicos que opinan que la justicia también debería encargarse de los fraudes en la ciencia y castigar a aquellos que fabrican o falsifican resultados con las más duras condenas. La lista es larga; se han escrito libros con ella. Al menos ocupándose de los casos más famosos, ya que hay timos tan rutinarios como respirar: resultados testarudos que desaparecen de un trabajo para evitar problemas con un evaluador quisquilloso o que cambian de valor para ocupar el sitio que en una curva merecen. Estos reflejan que no pocas veces una publicación es más importante que el conocimiento que la ciencia proporciona. Cuando se está con el agua hasta el cuello, porque la competencia es despiadada y no siempre hay un colega dispuesto a ofrecer un lugar entre los autores de una publicación sin haber aportado absolutamente nada, la carne es débil.

En todo fraude hay dinero de por medio. Por los millones de dólares que obtendría la Fundación Panamin, el antropólogo Manuel Elizalde se inventó a los Tasaday de Filipinas viviendo desde hacía dos mil años en cuevas y aislados del resto de la humanidad. Casi un 16% de los científicos consultados para la encuesta arriba mencionada declaró haber modificado el diseño, la metodología o los resultados de una investigación bajo presión de quien pone la plata. Ante la creciente sumisión de la ciencia a los negocios, pierde credibilidad la primera, que por algo pulula gente para quienes la Tierra es plana, veneno las vacunas y las pandemias no existen. Pero pocos verán conflictos de intereses cuando el virólogo Peter Daszak, presidente de la organización que financia o pronto financiará, con dinero público estadounidense, investigaciones sobre coronavirus en el Instituto de Virología de Wuhan, sea parte de la comisión nombrada por la Organización Mundial de la Salud para determinar si el virus SARS2 podría haber escapado o no de ese mismo instituto; o promueva y redacte una carta para la revista *The Lancet* que condene toda teoría acerca de un origen del virus COVID-19 distinto al natural. Tampoco a nadie parece raro que científicos de instituciones públicas opinen, de manera oficial y sin sonrojarse, sobre permisos solicitados por empresas que financian sus investigaciones o incluso los tienen en nómina; o que muchos gobiernos no realicen estudios propios, sino que consideren válidas las investigaciones realizadas por las compañías que fabrican y venden los productos que solicitan aprobar.

Investigaciones honestas, seguramente, una buena parte de ellas, pero también como la costeada por *Johnson & Johnson*; o como las realizadas por la empresa *Monsanto*, hallada culpable en tribunales por haber pagado 250 mil dólares a gente muy docta para que las firmaran, quedando así, científicamente establecido, que el glifosato ni ronchas produce.

(6, 21, 31, 58, 62, 75, 124, 158, 167, 177)

LA BIBLIOGRAFÍA

1. Abufalia D. La Guerra de los Doscientos Años. Barcelona: Pasado & Presente; 2017.
2. Al-Bakhit MA, Bazin L, Cissoko SM, editores. History of Humanity. Vol 4. London: UNESCO-Routledge; 2000.
3. Alicea CR. Vieques (Puerto Rico) Contra la Marina de Guerra de EEUU: Lucha Anticolonialista y Lucha Ambiental. Ecología Política. 2000; 19:167-170.
4. Altmann M. La Contaminación de los Científicos. En: López de Abiada JM, Jiménez Ramírez F, López Bernasocchi A, editores. En Busca de Jorge Volpi. Ensayos Sobre Su Obra. Madrid: Editorial Verbum; 2004. p. 13-29.
5. Amaldi E. Ettore Majorana, Man and Scientist. En: Battimeli G, Paoloni G, editores. 20th Century Physics: Essays and Recollections. A Selection of Historical Writings by Edoardo Amaldi. New Jersey: World Scientific; 1998. p. 29-95.
6. Aranda D. Ciencia Adicta: Las Operaciones de la Corporación Transgénica. Revista Mu. 2016; 101:12-13.
7. Artigas M. Galileo Después de la Comisión Pontificia. Scripta Theologica. 2003; 35(3): 753-784.
8. Asociación Ernst Mach. La Concepción Científica del Mundo: El Círculo de Viena. Revista Redes. 2002; 9(18):103-149.
9. Beltrán Marí A. El "Caso Galileo", Sin Final Previsible. Theoria. 2005; 53:125-141.
10. Benedictow OJ. The Black Death: The Greatest Catastrophe Ever. History Today. 2005; 55(3):42-49.
11. Benítez HH. La Iglesia Católica Contra el Fantasma de Galileo. Tres Episodios de Nuestro Tiempo [Internet]. Rebelión [citado 29 agosto 2018]. Disponible en http://www.rebelion.org/docs/206408.pdf.
12. Bergman I. The Serpent's Egg. New York: Pantheon Books; 1977.
13. Biddiss M. Disease and Dictatorship: The Case of Hitler's Reich. Journal of the Royal Society of Medicine. 1997; 90:342-346.
14. Boido G. Ciencia, Tecnología y Ética en los Orígenes de la Ciencia Moderna: El Caso de Jonathan Swift. Scientiae Studia. 2006; 4(3):509-516.
15. Boido G. El Caso Pío Paschini y Otras Razones por las Cuales el Proceso a Galileo Aún No Ha Finalizado. Epistemología e Historia de la Ciencia. 2010; 16:90-96.
16. Bonera G, Vanzan P. Alessandro Volta. L'Uomo, lo Scienziato, il Credente. Pavía: CdG; 1999.
17. Bonomo M. El Hombre Fósil de Miramar. Intersecciones en Antropología. 2002; 3:69-85.
18. Breggin PR. Psychiatry's Role in the Holocaust. International Journal of Risk & Safety in Medicine. 1993; 4:133-148.

19. Briceño Monzón CA. La Venezuela Vista por Depons: Los Paisajes de una Cultura. Tierra Firme. 2006; 24:611-620.
20. Buranyi S. Is the Staggeringly Profitable Business of Scientific Publishing Bad for Science? 2017 Junio 27. En: The Guardian [Internet]. Londres: Guardian Media Group [citado 4 diciembre 2018]. Disponible en: https://www.theguardian.com/science/2017/jun/27/profitable-business-scientific- publishing-bad-for-science.
21. Camí i Morell J. A Vueltas con el Fraude en Ciencia. Quark. 1997; 6:38-49.
22. Cappelletti AJ. Lucrecio, Poeta y Filósofo de la Liberación. Revista de Filosofía de la Universidad de Costa Rica. 1982; 20(56):37-43.
23. Cartan H, Ferrand J. The Case of André Bloch. The Mathematical Intelligencer. 1988; 10:23-26.
24. Caspari EW, Marshak RE. The Raise and Fall of Lysenko. Science. 1965; 149:275- 278.
25. Ceranski B. Transition Towards Invisibility. En: Gleixner U, Gray MW, editores. Gender in Transition: Discourse and Practice in German-Speaking Europe, 1750-1830. Ann Arbor: The University of Michigan Press; 2006. p. 202-217.
26. Chalbaud Zerpa C. Historia de Mérida. Mérida: Ediciones del Rectorado, Universidad de Los Andes; 1983. p. 92.
27. Charlo JP, Garay A, Martínez V. El Círculo: Las Vidas de Henry Engler. Montevideo: Ediciones de la Banda Oriental; 2009.
28. Cheroni A. El Caso Lysenko: Una Relectura. Llull. 2004; 27:609-629.
29. Coll PE. El Paso Errante. Caracas: El Perro y la Rana; 2007. p. 65.
30. Copeland J. Turing Suicide Veredict in Doubt [Internet]. Oxford: Oxford University Press; 2012 [citado 14 marzo 2014]. Disponible en: http://fds.oup.com/www.oup.com/pdf/13/9780199639793.pdf.
31. Cuando la Ciencia se Compra. 2017 Julio 10. En: Página 12 [Internet]. Buenos Aires: Grupo Octubre [citado 14 diciembre 2018]. Disponible en: https://www.pagina12.com.ar/49166-cuando-la-ciencia-se-compra.
32. D'Escragnolle Taunay A. A Vida Gloriosa e Trágica de Bartholomeu de Gusmão. San Pablo: Imprensa Official do Estado de São Paulo; 1938.
33. D'Ottavio Callegari GE, D'Ottavio Callegari ME, D'Ottavio Cattani AE. The American Carpenter and the African Gardener: Parallel Lives in Medicine and the Cinema. Journal of Medicine and Movies. 2006; 2:133-137.
34. Dani H, Mohen JP, editores. History of Humanity. Vol 2. London: UNESCO-Routledge; 1996.
35. De Felipe P. El De Revolutionibus de Copérnico: La Gestación de un Libro que Cambió la Ciencia y la Teología. Historia para el Debate. 2001; 6:48-56.
36. De Freitas DG. A Vidas e as Obras de Bartolomeu Lourenço de Gusmão. San Pablo: Secretaria de Economia e Planejamento; 1967.
37. De Laet SJ, editor. History of Humanity. Vol 1. London: UNESCO-Routledge; 1996.
38. Deery P. 'Running With the Hounds': Academic McCarthyism and New York University, 1952-53. Cold War History. 2010; 10:469-492.
39. Descartes R. Discurso del Método. Madrid: Alhambra; 1987.

40. Diéguez Lucena A. La Disputa Sobre el Realismo en la Historia de la Astronomía. Philosophica Malacitana. 1994; 7:33-49.
41. Du Preez HM. Dr James Barry: The Early Years Revealed. South African Medical Journal. 2008; 98:52-58d.
42. El Matemático que Dijo No a un Millón de Dólares. Boletín del Departamento de Matemáticas de la UNAM. 2015; 473:2-4.
43. Elía RH. El Incendio de la Biblioteca de Alejandría: Una Historia Falsificada. Byzantion Nea Hellás. 2013; (32):37-69.
44. Erickson J. Torture: Henri Alleg and the Algerian War. Iowa Historical Review. 2013; 4(1):25-41.
45. Espoz R. Un Conflicto en el Origen de la Ciencia Moderna. Santiago de Chile: Editorial Universitaria; 1989.
46. Ewald PP, editor. Fifty Years of X-Ray Diffraction. Utrecht: International Union of Crystallography; 1962. p 278–307.
47. Face to Face Interview (BBC, 1959) [Internet]. California: YouTube, LLC [citado 5 julio 2016]. Disponible en https://www.youtube.com/watch?v=1bZv3pSaLtY.
48. Feigl H. Origen y Espíritu del Positivismo Lógico. Teorema: Revista Internacional de Filosofía. 1979; 9(3-4):323-352.
49. Fojo FJ. La Dama Oculta del ADN: Rosalind Franklin. Galenus. 2010; 3:64.
50. Francou B. La Primera Misión Geodésica Francesa en el Perú y la Determinación de la Forma de la Tierra (1735-1744). En: Espinosa C, Lomné G, coordinadores. Ecuador y Francia: Diálogos Científicos y Políticos (1735 - 2013). Quito: FLACSO; 2013. p 23- 35.
51. Freire Carvalho F. Additamento a Memoria que Tem por Objecto Reivindicar para a Nação Portuguesa a Glória da Invenção das Machinas Aerostáticas. En: Actas das Sessões da Academia Real das Sciencas de Lisboa. Vol 1-3. Lisboa: Academia Real das Sciencas de Lisboa; 2011.
52. Freites Y. Conocimiento y Técnica en la Venezuela de la Ilustración: Una Aproximación. En: Soto Arango D, Puig-Samper M, Arboleda LC, editores. La Ilustración en América Latina. Madrid: Ediciones Doce Calles y Colciencias; 1995. p 141-161.
53. Freites Y. De la Colonia a la República Oligárquica (1498-1870). En: Roche M, compilador. Perfil de la Ciencia en Venezuela. Vol 1. Caracas: Fundación Polar; 1996. p. 25-92.
54. Freites Y. Un Esbozo Histórico de las Matemáticas en Venezuela. I Parte: Desde la Colonia hasta Finales del Siglo XIX. Boletín de la Asociación Matemática Venezolana. 2000; 3:9-37.
55. Freites Y. De la Untura al Producto Patentado: Una Aproximación a las Prescripciones de Medicamentos de la Medicina Veterinaria en Venezuela (1884-1939). En: Aceves Pastrana P, editor. Tradiciones e Intercambios Científicos: Materia Médica, Farmacia y Medicina. México DF: Universidad Autónoma Metropolitana Unidad Xochimilco; 2000. p. 349-367.
56. Galindo S. Entre Vórtices Cartesianos y Gravitación Newtoniana: La Cosmología de Andrés de Guevara y Basoasabal S. J. (1748-1801). Revista Mexicana de Física E. 2012; 58:133–149.

57. Gamow G. Biografía de la Física. Madrid: Alianza Editorial; 2007.
58. García Bresó J. Todos Nos Necesitamos: Migración y Globalización en el Mundo. Ehquidad. 2014; 1:33-59.
59. García Murillo G. Hipaso de Metaponto: Traducción, Exposición y Comentario de sus Ideas. Revista de Filosofía de la Universidad de Costa Rica. 1969; 7(24):49-128.
60. García MV. Hamilton Naki, El Cirujano Clandestino. Revista Científica de la SEDENE. 2010; 31:34-35.
61. Gigli Berzolari A. Volta's Teaching in Como and Pavia: Moments of Academic Life Under All Flags. En: Bevilacqua F, Fregonese L, editores. Nuova Voltiana: Studies on Volta and His Times. Vol 4. Pavía/Milán; 2000. p 53-99.
62. Girion L. Johnson & Johnson Knew for Decades that Asbestos Lurked in Its Baby Powder. 2018 Diciembre 14. En: Reuters [Internet]. Londres: Thomson Reuters [citado 17 diciembre 2018]. Disponible en: https://www.reuters.com/investigates/special- report/johnsonandjohnson-cancer/.
63. Glashow SL. The Errors and Animadversions of Honest Isaac Newton. Contributions to Science. 2008; 4(1):105-110.
64. Goodstein JR. A Conversation with Lee Alvin DuBridge - Part II. Physics in Perspective. 2003; 5:281-309.
65. Granada MA. Nicolas Copernic, De Revolutionibus Orbium Coelestium / Des Révolutions des Orbes Célestes, edición crítica, traducción y notas de Michel-Pierre Lerner, Alain-Philippe Segonds y Jean-Pierre Verdet, con la colaboración de Concetta Luna, Isabelle Pantin, Denis Savoie y Michel Toulmonde, 3 vols. (pp. xxviii+859, viii+536, xviii+783), Les Belles Lettres, París, 2015. Éndoxa. 2017; 40:357-375.
66. Gratzer W. Eurekas y Euforias. Barcelona: Crítica; 2005. p. 67.
67. Gribbin J. Historia de la Ciencia (1543-2001). Barcelona: Crítica; 2006. p. 207-240.
68. Haindl AL. La Peste Negra. Arqueología, Historia y Viajes Sobre el Mundo Medieval. 2010; 35:56-69.
69. Haq SN. Myth 4. That Medieval Islamic Culture was Inhospitable to Science. En: Numbers RL, editor. Galileo Goes to Jail. Cambridge: Harvard University Press; 2009. p. 35-42.
70. Hassani B. Trials by Fire: The Case of Unethical Clinical Trials in the Countries of the South. University of Toronto Medical Journal. 2005. 82(3):212-216.
71. Heilbron JL. Figuras Sobre Un Fondo Romántico. Representantes de las Ciencias Físicas en Göttingen en la Década de 1790. En: Montesinos J, Ordóñez J, Toledo S, editores. Ciencia y Romanticismo 2002. La Orotava: Fundación Canaria Orotava de Historia de la Ciencia; 2002. p. 185-206.
72. Hellman CD. Was Tycho Brahe as Influential as He Thought? The British Journal for the History of Science. 1963; 1:295-324.
73. Herrmann J, Zürcher E, editores. History of Humanity. Vol 3. London: UNESCO- Routledge; 1996.
74. Hibbs B. The Book of Roger. History Class Publications [Internet]. 2015 [citado 16 marzo 2018]; 22. Disponible en: https://scholarlycommons.obu.edu/history/22.

75. Hoey J. Science Fictions, Journalistic Obsessions. Science Editor. 2002; 25:199-200.
76. Holstein BR. The Mysterious Disappearance of Ettore Majorana. Journal of Physics: Conference Series. 2009; 173(1):012019.
77. Houben H. Roger II of Sicily. Cambridge: Cambridge University Press; 2002.
78. Humboldt A. Cartas Americanas. Biblioteca Ayacucho. Vol 74. Caracas: Fundación Biblioteca Ayacucho; 1989. p. 57.
79. Humboldt A. Breviario del Nuevo Mundo. La Expresión Americana. Vol 12. Caracas: Fundación Biblioteca Ayacucho; 1993. p. 34.
80. Hutcheson PA. McCarthyism and the Professoriate: A Historiographic Nightmare? En: Smart JC, editor. Higher Education: Handbook of Theory and Research. Vol XII. New York: Agathon Press; 1997. p. 435-460.
81. Ireland D. Tepid Apology to Gay Genius [Internet]. Woods Hole (MA): Z Net; 2009 Octubre 3 [citado marzo 14 2014]. Disponible en: https://zcomm.org/znetarticle/tepid- apology-to-gay-genius-by-doug-ireland.
82. Janovský I. Byl Tycho Brahe Otráven? Vesmír. 2006; 85:54-57.
83. Jaffe B. Crucibles: The Story of Chemistry. New York: Fawcett Publications; 1960. p. 62-76.
84. Josephson PR. Totalitarian Science and Technology. New York: Humanity Books; 2005. p. 71–116.
85. Jung CG. Sincronicidad. Málaga: Editorial Sirio; 1988.
86. Jung CG. Obra Completa. Vol 8. Madrid: Trotta; 2004. p. 433.
87. Kapp C. Obituary: Hamilton Naki. The Lancet. 2005; 366:22.
88. Keys D. How the British Government Subjected Thousands of People to Chemical and Biological Warfare Trials During Cold War. 2015 Julio 9. En: The Independent [Internet]. Londres: Independent Press Limited [citado 28 noviembre 2018]. Disponible en: https://www.independent.co.uk/news/uk/politics/how-the-british-government-subjected-thousands-of-people-to-chemical-and-biological-warfare-trials-10376411.html.
89. Kozhamthadam J. Kepler and Tycho Brahe: The Odd Couple. Physics World. 2002; 15:38-39.
90. Krapovickas A. Bonpland, Sesquicentenario de su Muerte. Bonplandia. 2008; 17(1):5-11.
91. Krivoy A, Krivoy J, Krivoy M. Neurociencias y Neurocirugía. Hitos Históricos Venezolanos. Revista de la Sociedad Venezolana de Historia de la Medicina. 2005; 54:48-63.
92. Laca-Arocena FA. Bertrand Russell: Pacifismo Político Relativo. Convergencia. 2011; 57:129–144.
93. Lafuente A, Delgado AJ. La Geometrización de la Tierra (1735-1744). Cuadernos Galileo de Historia de la Ciencia. Vol 3. Madrid: CSIC; 1984.
94. Lanning JT, Tepaske JJ. The Royal Protomedicato. The Regulation of Medical Professions in the Spanish Empire. Durham: Duke University Press; 1985.
95. Lanz CS. Racionalidad Moderna e Ideario Educativo en la Universidad de Caracas. Kaleidoscopio. 2007; 4:116-127.

96. Le Bon G. La Civilización de los Árabes. Libro Tercero. Barcelona: Montaner y Simón, Editores; 1886.
97. Leal I. Andanzas y Aventuras del Brujo, Yerbatero y Curandero Telmo Romero. Boletín de la Academia Nacional de la Historia. 2009; 92(366):9-41.
98. Levi P. Los Hundidos y los Salvados. Barcelona: Muchnik Editores; 1989.
99. Levi P. Si Eso es un Hombre. Barcelona: Muchnik Editores; 2002.
100. López Nicolás JM. La "Guerra del Cálculo Matemático" ... Newton Contra Leibniz. Boletín del Departamento de Matemáticas de la UNAM. 2015; 464:2-3.
101. López Pellicer M. Bertrand Russell: Centenario de Principios de las Matemáticas. Revista de la Real Academia de Ciencias Exactas, Físicas y Naturales. 2010; 104:415–425.
102. Lucena Salmoral M. Las Dificultades de la Agricultura Comercializable Caraqueña a Fines del Régimen Español y la Necesidad de una Reforma. Quinto Centenario. 1982; 4:15-48.
103. Lucrecio Caro T. De la Naturaleza de las Cosas. Caracas: Editorial Equinoccio; 1982.
104. Maceiras Fafián M. La "Psicología" Pitagórica. Anales del Seminario de Historia de la Filosofía. 1984; 4:9-28.
105. Maddox B. The Double Helix and the 'Wronged Heroine'. Nature. 2003; 421:407- 408.
106. Majorana E. El Valor de las Leyes Estadísticas en la Física y en las Ciencias Sociales. Método Histórico y Ciencia Social. (Presentación y traducción de Carlos Allones). Empiria. 2004; 7:183-209.
107. Maqbul Ahmad S. Cartography of Al-Sharīf Al-Idrīsī. En: Harley JB, Woodward D, editores. The History of Cartography. Vol 2. Libro 1. Chicago: The University of Chicago Press; 1992. p. 156-174.
108. Marín P. ¿Y si a Descartes lo Hubiesen Envenenado? 2010 Junio 14. En: La Tercera [Internet]. Santiago de Chile: Copesa S.A. [citado 18 febrero 2013]. Disponible en: http://www2.latercera.com/noticia/y-si-a-descartes-lo-hubiesen-envenenado/.
109. Martínez Campos L. La Muerte Negra [Internet]. Madrid: Sociedad Española de Infectología Pediátrica; [citado 19 agosto 2018]. Disponible en: http://www.seipweb.es/images/site/pdf/La_Peste_Leticia_Martinez.pdf.
110. Mas de Sanfélix A. El Positivismo de A. J. Ayer. Revista de Filosofía. 2001; 22:135-142.
111. Matijasevic E. Leibniz y Newton: La Inercia de la Soberbia. Acta Médica Colombiana. 2010; 35(4):157-165.
112. Mazzarello P. Il Professore e la Cantante. Turín: Bollati Boringhieri; 2009.
113. Meade T. "Civilizing Rio de Janeiro": The Public Health Campaign and the Riot of 1904. Journal of Social History. 1986; 20:301–322.
114. Meier CA, editor. Atom and Archetype: The Pauli/Jung Letters, 1932-1958. Princeton: Princeton University Press; 2001.
115. Mejia A. Pedro Paulet: Peruvian Pioneer of the Space Age. SpaceOps 2010 Conference. AIAA; 2010. p. 3766-3773.
116. Molinini D. The First Sicilian School of Translators. Nova Tellus. 2009;

27(1):191-205.
117. Mora García JP. Baltasar de los Reyes Marrero (1752-1809): Primer Educador de la Enseñanza de la Física Moderna en la Universidad de Caracas (Para una Historia Conectada de la Historia de la Educación en Colombia y Venezuela). Bitácora-e. 2009; 2:3-22.
118. Moura Visoni R, Garcia Canalle JB. Bartolomeu Lourenço de Gusmão: O Primeiro Cientista Brasileiro. Revista Brasileira de Ensino de Física. 2009; 31(3):3604.
119. Nasar S, Gruber D. Manifold Destiny. The New Yorker. 2006; Agosto 28:44-57.
120. Needell JD. The Revolta Contra Vacina of 1904: The Revolt Against "Modernization" in Belle Époque Rio de Janeiro. The Hispanic American Historical Review. 1987; 67:233-269.
121. Neira H. La Modesta Proposición de Biopolítica de Jonathan Swift. Cinta Moebio. 2013; 46:47-48.
122. Novella EJ, Huertas R. El Síndrome de Kraepelin-Bleuler-Schneider y la Conciencia Moderna: Una Aproximación a la Historia de la Esquizofrenia. Clínica y Salud. 2010; 21:205-219.
123. Obituario. Laurent Schwartz, Un Matemático en Pugna con su Siglo. Matemáticas: Enseñanza Universitaria. 2002; 10(2):135-137.
124. Odling-Smee L, Giles J, Fuyuno I, Cyranoski D, Marris E. Where Are They Now? Nature. 2007; 445:244-245.
125. Olarieta Alberdi, JM. El Linchamiento de Lysenko. Nómadas. 2008; 20(4):5-100.
126. Olarieta Alberdi, JM. Lysenko. La Teoría Materialista de la Evolución. Nómadas [Internet]. 2012 [citado 13 marzo 2020]; 33(1). Disponible en: https://www.redalyc.org/articulo.oa?id=18123129001.
127. Ornes S. Profiles in Mathematics: Sophie Germain. Greensboro: Morgan Reynolds Pub.; 2009.
128. Osman Elkin L. Rosalind Franklin and the Double Helix. Physics Today. 2003; 56:42-48.
129. Osman Elkin L. Handling DNA Credit with Care. Physics Today. 2006; 59:14.
130. Page BR. Experiments of Robert H. Goddard, 1911 to 1930. The Physics Teacher. 1991; 29(8):490-496.
131. Paulet de Vásquez SM. Pedro Paulet: Pionero Peruano del Espacio. EIR: Resumen Ejecutivo. 2002; 19(22-23):5-12.
132. Pengelley D. Sophie's Diary by Dora Musielak. The Mathematical Intelligencer. 2010; 32:62-64.
133. Perutz MF. El Gabinete del Doctor Fritz Haber. Mundo Científico. 1997; 180:564– 570.
134. Peschke Z. The Impact of the Black Death. Essai. 2007; 5:111-114.
135. Pettifer A. Brainwashing in the United States [Internet]. Petrolia (CA): Counterpunch; 2002 [citado 10 septiembre 2012]. Disponible en: www.counterpunch.org/2002/10/07/brainwashing-in-the-united-states.
136. Piñero F. La Repercusión en el Pitagorismo del Descubrimiento de las Magnitudes Irracionales. Estudios Clásicos. 1970; 14(61):427-432.

137. Plata Rosas LJ. Grigori Perelmán: El Hombre que Jamás se Equivocaba. Nexos. 2012; 412:96-98.
138. Ponce Alberca C. Consideraciones en Torno a la Polémica Leibniz-Clarke. Espíritu. 1987. 36:79-90.
139. Porto MY. Uma Revolta Popular Contra a Vacinaçao. Ciencia e Cultura. 2003; 55(1):53-54.
140. Posada A, Chen C. Inequality in Knowledge Production: The Integration of Academic Infrastructure by Big Publishers [Internet]. ELPUB; 2018 [citado 13 marzo 2020]. Disponible en: https://hal.archives-ouvertes.fr/hal-01816707/document.
141. Reyes Mate M. Primo Levi, El Testigo. Una Semblanza en el XX Aniversario de su Desaparición. La Ortiga. 2010; 99-101:78-95.
142. Rizzi M. Doctor James Barry (1795-1865), Inspector General de Hospitales de Su Majestad Británica. Revista Médica Uruguaya. 2012; 28(1):66-74.
143. Roa Bastos A. Yo el Supremo. Madrid: Alfaguara; 1989.
144. Rodríguez Alfageme J. La Ciencia Griega. Revista de Estudios Clásicos. 1978; 22(81-82):157-163.
145. Rodríguez FA. Prehistorias Argentinas: Naturalistas en el Plata. Charles Darwin, Francisco Moreno, Florentino Ameghino, Bruce Chatwin. A Contra Corriente. 2009; 7:45-75.
146. Rojas R. Historia de la Universidad en Venezuela. Revista Historia de la Educación Latinoamericana. 2005; 7:73-98.
147. Romero TA. El Bien General. Caracas: Imprenta Nacional; 1885.
148. Rosencof M, Fernández Huidobro E. Memorias del Calabozo. Tafalla: Txalaparta Editorial; 1993.
149. Rosencof M. El Bataraz. Montevideo: Alfaguara; 1999.
150. Rossiter MW. 'But She's an Avowed Communist!' L'affaire Curie at the American Chemical Society, 1953-1955. Bulletin for the History of Chemistry. 1997; 20:33-41.
151. Russell B. History of Western Philosophy. London: George Allen and Unwin Ltd; 1948.
152. Sagan C. Cosmos. Barcelona: Editorial Planeta; 2004. p. 57-61.
153. San Antonio Gómez JC. La forma de la Tierra: Expedición para Medir un Grado del Arco de Meridiano en el Virreinato del Perú (1735-1744). EGA. 2007; 12:128-139.
154. Sánchez A. Dos Famosos Fraudes Óseos: De Piltdown a Miramar. Actualizaciones en Osteología. 2009; 5:79-80.
155. Sánchez Muñoz JM. Las Escuelas Jónica y Pitagórica. Pensamiento Matemático. 2011; 1(2):2-24.
156. Schwartz L. Commémoration de la Thèse de M. Audin-Assassiné Pendant la Guerre d'Algérie. Gazette des Mathématiciens. 1998; 75:11-16.
157. Sciascia L. La Desaparición de Majorana. Barcelona: Tusquets Editores SA; 2007.
158. Sciencescope. Scholars Flock to a Proliferation of Fraud Conferences. Science. 1991; 251:507.
159. Seidelman WE. Nuremberg Lamentation: For the Forgotten Victims of Medical

Science. British Medical Journal. 1996; 313:1463-1466.
160. Shapin S. Descartes the Doctor: Rationalism and its therapies. British Journal for the History of Science. 2000; 33(2): 131-154.
161. Shevell M. Racial Hygiene, Active Euthanasia, and Julius Hallervorden. Neurology. 1992; 42:2214-2219.
162. Siddiqi A. Deep Impact: Robert Goddard and the Soviet 'Space Fad' of the 1920s. History and Technology. 2004; 20(2):97-113.
163. Simaan A. Grandeza e Decadência de Fritz Haber. Boletim da Sociedade Portuguesa de Química. 2005; 97:19–25.
164. Singh S. El Enigma de Fermat. Barcelona: Editorial Planeta; 1998. p. 188-198.
165. Smith KM. Dr. James Barry: Military Man or Woman? Canadian Medical Association Journal. 1982; 126:854-857.
166. Solsona N. Análisis de las Estrategias de Autorización de Mujeres Científicas en la Ilustración. Física y Cultura. 2015; 9:25-40.
167. Spector M. J&J Moves to Limit Impact of Reuters Report on Asbestos in Baby Powder. 2018 Diciembre 17. En: Reuters [Internet]. Londres: Thomson Reuters [citado 19 diciembre 2018]. Disponible en: https://www.reuters.com/article/us-johnson- johnson-cancer-impact/jj-moves-to-limit-impact-of-reuters-report-on-asbestos-in-baby- powder-idUSKBN1OG2HH.
168. St. Claire J. Germ War: The US Record [Internet]. Petrolia (CA): Counterpunch; 2013 [citado 26 noviembre 2018]. Disponible en: https://www.counterpunch.org/2013/09/03/germ-war-the-us-record-2.
169. Swift J. Los Viajes de Gulliver. Madrid: Alianza Editorial; 2014.
170. Tardáguila E. El Viaje de la Filosofía por los Caminos de la Traducción. Mutatis Mutandis. 2012; 5(1):53-64.
171. Tavares CC. Bartolomeu Lourenço de Gusmão e a Inquisição Portuguesa–Século XVIII. En Bartolomeu Lourenço de Gusmão: O Padre Inventor. Vol I. Río de Janeiro: Andrea Jakobsson Estúdio Editorial Ltda; 2011. p. 75-92.
172. Thénault S. La disparition de Maurice Audin. Les Historiens à l'Épreuve d'une Enquête Impossible (1957- 2004). Histoire@Politique [Internet]. 2017 [citado 8 octubre 2018]. 31:1-13. Disponible en: http://www.histoire- politique.fr/documents/31/pistes/pdf/HP31_PistesetDebats_SylvieThenault_def.pdf.
173. Thomson G. Los Orígenes de la Ciencia y el Arte. Buenos Aires: Editorial Leviatán; 1986.
174. Torchia Estrada JC. Un Manuscrito Médico Filosófico del Siglo XVIII en Venezuela. Anuario de Filosofía Argentina y Americana. 2001-2002; 18-19:163-179.
175. Villena Saldaña D. El Círculo de Viena. Una Nota Histórica. Analítica. 2014; 8:123-130.
176. Von Fritz K. The Discovery of Incommensurability by Hippasus of Metaponto. Annals of Mathematics. 1945; 46(2):242-264.
177. Wade N. The origin of COVID: Did people or nature open Pandora's box at Wuhan? Bulletin of the Atomic Scientists [Internet]. 2021 [citado 2 junio 2021]. Disponible en: https://thebulletin.org/2021/05/the-origin-of-covid-did-people-or-nature- open-pandoras-box-at-wuhan/.

178. Wilkins A. The Crazy Life and Crazier Death of Tycho Brahe [Internet]. New York: Gizmodo Media Group, LLC; 2010 [citado 30 marzo 2013]. Disponible en: http://io9.com/5696469/the-crazy-life-and-crazier-death-of-tycho-brahe-historys-strangest-astronomer.
179. Wincour M. Primo Levi, Auschwitz: Dentro Era el Infierno, Fuera No Es el Paraíso. Elementos. 2008; 72:47-48.
180. Wootton D. La Invención de la Ciencia. Barcelona: Crítica; 2017. p. 20.
181. Yamada S. 50 Years Since Bravo [Internet]. Woods Hole (MA): Z Net; 2004 Marzo 1 [citado 26 noviembre 2018]. Disponible en: https://zcomm.org/znetarticle/50- years-since-bravo-by-seiji-yamada.
182. Zaidi AS. Rochester, Radiation, and Repression [Internet]. Woods Hole (MA): Z Magazine; 1997 Abril 1 [citado 26 noviembre 2018]. Disponible en: https://zcomm.org/zmagazine/rochester-radiation-and-repression-by-a-s-zaidi.

La presente edición de «**La ciencia no es asunto de dioses.**»
se terminó de editar en febrero de 2022.

Este libro utiliza, entre otras, una
tipografía Adobe Garamond Pro
adaptada de la fundición
del ilustre tipógrafo
Claude Garamond.

Ad prosperitatem
per scripturam

www.ingramcontent.com/pod-product-compliance
Lightning Source LLC
Chambersburg PA
CBHW020656220526
45464CB00001B/454